KB169023

여기 바로 답이 있는데…

청와대 안의 대통령

여기 바로 답이 있는데…

초 판 인 쇄 · 2017년 3월 20일
초 판 발 행 · 2017년 3월 28일
재 판 발 행 · 2017년 9월 15일
개정초판발행 · 2020년 4월 20일

지은이 | 이학렬
펴낸이 | 서영애
펴낸곳 | 대양미디어

출판등록 2004년 11월 제 2-4058호
04559 서울시 중구 퇴계로45길 22-6(일호빌딩) 602호
전화 | (02)2276-0078
팩스 | (02)2267-7888

ISBN 979-11-6072-058-7 03470
값 12,000원

이 도서의 국립중앙도서관 출판예정도서목록(CIP)은 서지정보유통지원시스템 홈페이지(http://seoji.nl.go.kr)와 국가자료공동목록시스템(http://www.nl.go.kr/kolisnet)에서 이용하실 수 있습니다.(CIP제어번호 : CIP2020014463)

청와대 안의 대통령

여기 바로 답이 있는데…

이학렬 지음

대양미디어

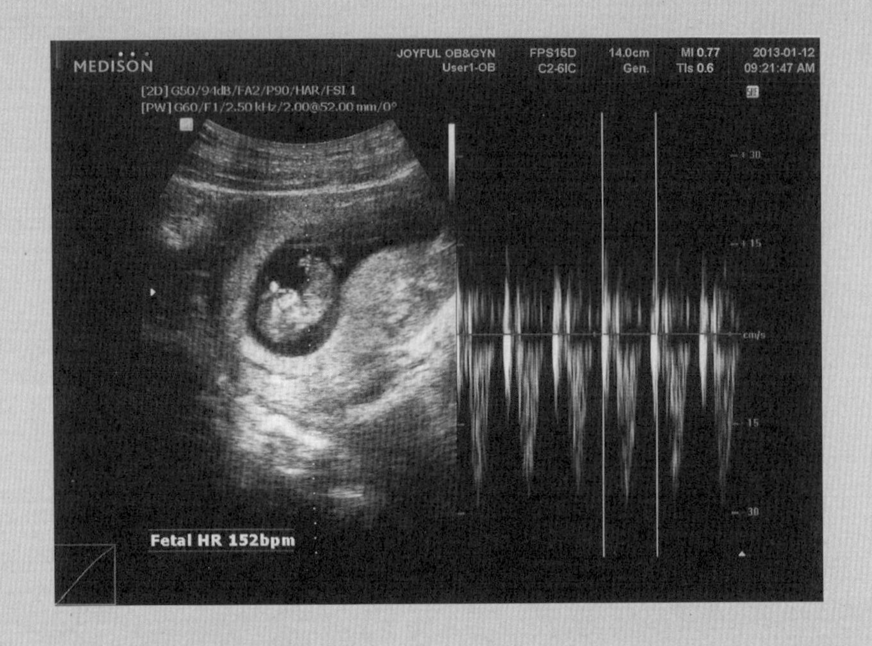

아직 태어나지 않은 세대에 이 책을 바친다.

농약을 사용한다는 것은 상상조차 할 수 없는 세상을 만들어 주길.

머리말

'청와대 안의 대통령'이었기 때문에

경남 고성군수 재임 시 나는 '생명환경농업'이라는 혁신적인 농업에 도전했다. 이 도전을 성공시킨 후 우리가 줄곧 외쳤던 표어를 소개한다.

"생명환경농업은 우리 농업의 혁명이며 대한민국의 희망입니다"

얼마나 엄중하고 무서운 말인가? 우리 농업의 혁명이며 대한민국의 희망이라는 말을 감히 사용했으니 말이다! 이 혁명과 희망을 이루어 내기 위해서는 고성에서 성공시킨 이 혁신적인 농업을 정부 차원에서 추진해야 한다는 것이 나의 확고한 생각이었다. 그래서 10여 년 동안 이명박, 박근혜, 문재인, 이 세 대통령에게 생명환경농업의 중요성을 이해시키기 위해 참으로 많은 노력을 쏟았다. 그러나 나의 노력은 물거품이 되어버렸다. 그 이유는 세 대통령이 모두 국민과 진정으로 소통을 하지 않는, '청와대 안의 대통령'이었기 때문이다.

만일 세 대통령이 '청와대 안의 대통령'이 아니었다면, 그래서 소통이 이루어졌다면, 나는 이 책을 쓰지 않아도 되었을 것이다.

대신 생명환경농업은 우리 사회와 경제의 중심에서 큰 역할을 하고 있을 것이다.

생명환경농업을 중심으로 한 생명산업을 우리의 새로운 주력산업으로 만드는 것을 '5차 산업혁명'이라 이름하고, 2017년 3월 '대한민국의 5차 산업혁명'이라는 책을 출판했다(이 책이 출판될 즈음 일본에서는 생명산업보다 좁은 의미의 바이오산업을 5차 산업혁명이라 칭하고, 관련 사업을 경제산업성에서 주도하기 시작했다). 안타깝게도 나의 책은 크게 환영을 받지 못했으며, 사회적인 반향을 일으키지도 못했다. 나는 다시 용기를 내어, 책의 내용을 대폭 개정하고 정리하였다. 책의 제목을 '청와대 안의 대통령'이라 바꾸었으며, '청와대 안의 대통령'이 구해야 할 답을 이 책에 제시하였기 때문에 부제를 '여기 바로 답이 있는데…'로 하였다.

플라톤의 심정으로 이 책을 쓴다

나는 이 책을 쓰지 않을 수도 있다. 그리하여 내가 정성을 쏟았던 혁신적인 농업에 대해서 침묵하고, 우리 농업의 문제점에 대해서 입을 다물어버릴 수도 있다. 그러나 나는 기원전 400년 아테네 법정의 500인회 앞에서 당당하게 자신의 주장을 변론한 소크라테스를 떠올리면서, 진실을 외면한 채 침묵해서는 안 되겠다고 생각했다.

만일 소크라테스가 자신의 주장을 말하지 않고 용서를 구했다고 하면 목숨을 구할 수 있었을 것이다. 소크라테스도 한 인간으로서 어찌 죽음이 두렵지 않았겠는가? 그러나 소크라테스는 살기 위해서 자기가 그토록 중요하다고 생각했던 원칙을 버리고 싶지 않았다. 결국, 그는 불의와 타협하지 않고 최소한의 양심을 지키기 위해 자신의 목숨까지도 버려야 했다. 그렇게 하는 것이 영원히 사는 것이라고 생각했기 때문이다.

나는 이 책을 쓰면서 소크라테스처럼 죽음을 생각할 정도의 비장한 각오까지는 하지 않아도 된다. 그러나 소크라테스의 참된 용기가 나에게 이 책을 쓸 수 있도록 큰 힘을 준 것만은 사실이다.

중국 명나라 말기 홍자성은 그가 저술한 '채근담'에서 이렇게 말했다.

"한때의 외로움을 취할지언정 영원한 적막함을 취하지 말라."

이 말 또한 나에게 큰 용기를 주었다. 새로운 형태의 혁신적인 농업을 주장함으로써 내가 지금은 여러 사람으로부터 비난을 받고, 때로는 견디기 힘든 협박을 받을지도 모른다. 그러나 이 책을 쓰지 않으면 나는 영원한 적막함에서 헤어나지 못할 것 같다는 생각이 들었다.

세계적인 아이돌 BTS의 리더 RM(김남준)이 2018년 UN에서 행한 연설은 이 책을 마무리할 수 있도록 나에게 마지막 힘과 용기를 불어넣어 주었다. '자신을 사랑하고 자신의 목소리를 내라'고 하는 그의 메시지는 이 책의 키워드(Key Word)인 생명산업이 전하는 메시지와 맥을 같이 하고 있기 때문이었다.

소크라테스의 제자였던 플라톤은 원래 정치를 꿈꾸었던 사람이다. 그러나 스승인 소크라테스가 말도 안 되는 죄목으로 사형에 처해지는 것을 보면서 정치에 회의를 느꼈다. 한참 후 시라쿠사의 참주에게 실망하면서 현실 정치를 단념하고 집필과 연구에 전념했다. 나는 지금 플라톤의 그때 그 심정으로 이 책을 쓴다.

농약 문제가 해결되지 못하는 진짜 이유는

'플라스틱 바다'를 저술한 찰스 무어는 태평양 한가운데의 플라스틱 양이 무게로 따졌을 때 동물성 플랑크톤보다 6배나 많다는 사실을 발견해 미국 사회를 충격에 빠뜨린 사람이다. 바닷속 플라스틱의 독성 화학물질이 해양 먹이사슬을 오염시키고 있다는 사실을 전 세계에 알린 사람이기도 하다. 그는 해양 오염 문제가 해결되지 못하는 이유를 이렇게 말했다.

"처음에는 인간이 만든 환경 위기를 고통스러울 만큼 자세하게 분석한다. 그다음에는 심사숙고한 해결책 목록이 나온다. 그것들을 실행하면 세상은 다시 올바르게 될 것이다. 하지만 좋은 아이디어가 결실을 보는 경우는 아주 드물다. 그 이유가 무엇이냐고 묻는가? 변화는 어렵고, 권력을 가진 사람과 기관은 현 상태에서 큰 이득을 얻고 있기 때문이다. 플라스틱에는 많은 것이 걸려 있고, 플라스틱 세상을 지휘하는 사람들은 결코 게임의 주도권을 놓으려 하지 않을 것이기 때문이다."

농약(화학비료, 합성농약, 제초제) 문제가 해결되지 못하는 진짜 이유를 나는 이렇게 말하고 싶다.

"처음에는 농약이 우리의 건강과 환경을 어떻게 해치고 파괴하는지 고통스러울 만큼 자세하게 분석한다. 농약을 사용하지 않으면 우리의 건강은 좋아질 것이며, 우리의 환경은 다시 살아날 것이다. 하지만 이것은 쉽게 이루어지지 않을 것이다. 그 이유가 무엇이냐고 묻는가? 농민들은 변화를 싫어하고, 권력을 가진 사람과 기관은 현 상태에서 큰 이득을 얻고 있기 때문이다. 농약에는 많은 것이 걸려 있고, 농약 세상을 지휘하는 사람들은 결코 게임의 주도권을 놓으려 하지 않을 것이기 때문이다."

'플라스틱 바다'의 공동 저자인 찰스 무어와 커샌드라 필립스는 책의 첫 페이지에 이렇게 적었다.

"아직 태어나지 않은 세대에 이 책을 바친다. 플라스틱 오염이라는 것은 상상조차 할 수 없는 세상을 만들어 주길."

나는 엄숙한 마음으로 이 책의 첫 페이지에 이렇게 새긴다.

"아직 태어나지 않은 세대에 이 책을 바친다. 농약을 사용한다는 것은 상상조차 할 수 없는 세상을 만들어 주길."

살아 숨 쉬는 땅 '숲속농장'에서

이학렬

차 례

Chapter 1

세 대통령이 남긴 교훈

01
녹색 운동가의 길을 놓쳐버린 이명박 대통령

앙꼬 없는 찐빵이 되어버린 이명박 대통령의 녹색성장

고미야마 히로시 전 도쿄대 총장은 지식의 통합과 서로 다른 학문 간 토론의 중요성을 설명하면서, 환경과 농업의 연관성을 이렇게 강조했다.

"2008~2009 세계 경제 위기는 궁극적으로 전체상(全體像)을 아무도 파악할 수 없게 된 것이 큰 원인으로 작용했다. 이러한 문제의 해결을 위해서는 지식의 통합과 서로 다른 학문 간 토론이 필요하다. 환경 문제만 해도 농업, 화학, 정부 등 각 부문의 사람들이 모여 의논하다 보면 지식의 통합이 이루어져 아주 훌륭한 해답을 찾을 수 있다."

나는 고미야마 히로시 총장이 환경 문제를 말하면서 농업 부문을 제일 먼저 언급한 사실에 큰 의미를 부여하고 싶다. 현재 이 지구상에 존재하는 환경 위협 요소 중에서 농약(화학비료, 합성농약, 제초제)이 가장 심각하다는 사실을 분명히 말하고 있기 때문이다.

일본의 후쿠오카 마사노부가 자연농법을 주장한 것도 농약이 우리 지구를 파멸시키는 것을 더는 방관할 수 없다고 생각했기 때문일 것이다. 미국의 생물학자 레이철 카슨이 농약으로 인한 생태계의 광범위한 파괴를 지적했던 것도 같은 이유 때문일 것이다.

미국의 생물학 교수 게릿 하딘이 쓴 '공유지의 비극'이 현실적으로 가장 잘 나타난 것이 농약이다. 환경 오염으로 인해 지구가 죽어가든 말든, 내 논밭과 과수원의 수확량이 많기를 바라면서 사용하는 농약은 우리 생태계를 질식 상태로 만들어 가고 있다. 법정 스님은 심각하게 파괴되고 있는 오늘의 생태계에 대해서 이렇게 한탄했다.

"이 땅에서 새와 들짐승 같은 자연의 친구들이 사라지고 나면 생물이라고는 달랑 사람들만 남게 되리라. 그때 가전제품과 쓰레기와 자동차와 매연에 둘러싸여 있을 우리 자신을 한번 상상해 보라. 얼마나 끔찍한 일인가? 그것은 사람이 아닐 것이다. 지금까지 있었던 생물이 아닌 괴물일 것이다."

정말 끔찍하지 않은가? 사람이 아니고, 생물도 아니고, 괴물이라고 표현하지 않았는가?

내가 생명환경농업을 선포한 것은 2008년 1월 4일이었으며, 이명박 대통령이 녹색성장을 선포한 것은 그로부터 7개월 후인 2008년 8월 15일 광복절 기념사에서였다(그림 1). 이 대통령이 녹색성장을 선포했을 때 나는 너무 기뻐 하늘을 날고 싶은 심정이었다. 내가 선포한 생명환경농업이 이 대통령이 선포한 녹색성장의 중심이라는 사실을 확신했기 때문이다. 내게 이렇게 반문할지 모른다.

"농촌 군수가 선포한 생명환경농업이 어떻게 대통령이 선포한 녹색성장의 중심이 될 수 있단 말인가?"

그렇게 될 수밖에 없는 이유가 있다. 먼저 고미야마 히로시 총장이 한 말을 깊이 생각해 보라. 농업과 화학이 환경 문제의 중심에 있다고 말하지 않는가? 환경 문제를 해결하기 위해서는 농업과 화학과 정부가 서로 의논하여 아주 훌륭한 해답을 찾아야 한다고 하지 않는가? 어디 그뿐인가? 후쿠오카 마사노부, 레이철 카슨, 게릿 하딘, 법정 스님 등 많은 사람이 환경을 파멸시키는 농약의 심각성을 말하고 있지 않은가?

그림 1 녹색성장 관련 포스트

녹색성장에서 녹색은 환경 보호를 의미하며, 성장은 발전을 의미한다. 즉 녹색성장은 환경을 보호하면서 발전을 추구해 나간다는 뜻이다. 녹색성장의 키워드(Key Word)는 환경 보호이며, 환경 보호의 키워드는 농업이기 때문에 녹색성장의 중심은 농업이 될 수밖에 없다.

농업이 환경 보호의 키워드인 이유는 앞서 여러 사람이 지적했듯이 농업에 무분별하게 사용하는 농약이 오늘날 환경을 해치는 가장 심각한 요소이기 때문이다. 이를 해결하기 위해 등장한 일반 친환경농업은 고비용 저수확의 구조적인 문제점 때문에 정부 지원에 의존하여 겨우 명맥을 유지해 나가고 있다. 이 문제점을 해결한 것이 내가 시도한 생명환경농업이다.

녹색성장과 생명환경농업은 추구하는 방향이 같다. 즉, 둘 다 환경 보호를 추구한다. 녹색성장은 경제성장이라는 개념을 추가했으며, 생명환경농업은 농업의 경쟁력 강화라는 개념을 추가했다.

생명환경농업이 녹색성장의 중심이 되어야 하는 이유는 현실적 관점에서도 충분히 설명할 수 있다.

먼저, 환경 보호 측면이다. 앞서 강조했듯이, 농약은 환경을 해치는 가장 심각한 요소다. 소, 돼지, 닭, 오리 등 가축 분뇨 또한 지구 환경을 크게 오염시키고 있다. 생명환경농업을 실천하면 농약으로 인한 환경 문제가 해결될 수 있으며, 가축 분뇨 문제 또한 해결될 수 있다.

다음은, 에너지 절약 측면이다. 우리나라의 연간 비료 사용량은 약 60만 t이다. 그 비료 생산을 위해 사용되는 벙커C유 양은 연간 약 300만 l 다. 비료 생산을 위해서 이처럼 엄청난 양의 에너지가 사용되고 있다. 생명환경농업에서는 천연비료를 농민이 직접 만들어 사용하기 때문에 이 에너지를 100% 절약할 수 있다. 비료 생산으로 인해 야기될 수 있는 탄소 배출을 100% 없앨 수 있다는 뜻이다.

이렇게 자세하게 설명을 했는데도 생명환경농업이 녹색성장의 중심이 아니라고 말할 수 있겠는가?

녹색성장을 추진하기 위해서 국무총리 직속으로 녹색성장 위원회가 만들어졌다. 국무총리와 함께 공동 위원장을 맡은 민간인 위원장은 환경의 중요 분야인 농업, 화학, 생물, 물 등과 무관한 분야의 모 대학 퇴임 교수였다. 나는 생각했다.

"저분이 국정의 핵심 분야인 녹색성장을 추진해 나갈 수 있을까? 그리고 환경과 농업의 관계를 알고 있을까?"

녹색성장 위원회는 각 부처 장관이 당연직 위원이었으며, 민간인 위원이 20명이었다. 민간인 위원은 전략, 교통, 언론, 건축, 기계, 환경, 에너지 분야의 전문가들로 구성되었다.

고미야마 히로시 총장의 말대로 지식의 통합과 서로 다른 학문 간 토론을 위해 각 분야의 전문가가 참여하는 것은 좋은 일이다. 환경을 논의하는 데 전략, 교통도 필요할 것이며, 언론, 건축, 기계도 필요할 것이다. 그런데 환경에서 가장 중요하다고 고미야마 히로시가 강조한 농업 분야 전문가는 없었다. 환경에서 대단히 중요한 화학 분야, 생물 분야, 물 분야 전문가도 없었다.

대한민국 안보 관련 세미나가 있다고 가정해 보자. 국방부 간부와 법률, 경제, 건축, 언론, 기계, 환경 분야의 전문가가 참석했다. 그런데 군사 전략 분야와 외교 분야의 전문가는 참석하지 않았다. 이 세미나가 효과적인 세미나로서 역할을 할 수 있을까? 녹색성장 위원회의 위원 명단은 바로 그런 명단이었다.

고미야마 히로시 총장은 농업과 화학을 환경 문제의 중심이라고 했다. 레이철 카슨은 지구 환경을 보호하고 인류 건강을 지키기 위해서 농약과 같은 화학적 해충방제 대신 천적, 천연농약과 같은 생물학적 해충방제를 주장했다. 일본의 후쿠오카 마사노부는 농약으로 인한 지구 환경 파괴를 방관할 수 없다면서 농약을 사용하지 않는 자연농법을 스스로 실천했다. 그런데 대한민국의 녹색성장에는 농업이 쏙 빠져버렸다. 나는 혼잣말로 중얼거렸다.

"이 대통령의 녹색성장은 앙꼬 없는 찐빵이구나!"

녹색 운동가의 길을 놓쳐버린 이명박 대통령

2009년 5월 5일, 제87회 어린이날을 맞아 이명박 대통령은 어린이 260명을 청와대 녹지원에 초청했다. 여기서 한 어린이가 질문했다.

"대통령님께서는 어린 시절 꿈이 무엇이었습니까?"

이 질문에 이 대통령은 이렇게 대답했다.

"어렸을 때는 나중에 커서 초등학교 교장 선생님이 되는 것이 꿈이었어. 지금은 대통령을 그만두면 환경운동가, 특히 녹색 운동가가 되고 싶어."

나는 이 대통령의 이 말을 한 치의 의심 없이 그대로 받아들였다. 대통령 퇴임 후 녹색 운동가가 되겠다고 하는 이 대통령의 꿈! 대통령으로서 가질 수 있는 가장 멋있는 꿈이라고 생각했다.

지미 카터 전 미국 대통령은 퇴임 후 고향으로 돌아가 세계 평화의 전도사이자 집 없고 헐벗은 사람들의 후원자로서 '대통령 시절'보다 더 멋진 '대통령 이후'를 보여주었다. 수십여 년 동안 국제 분쟁을 중재하는 노력을 하고 인권 운동에 앞장선 공로를 인정받아 2002년 노벨 평화상 수상자로 선정되었다.

만일, 이 대통령이 퇴임 후 녹색 운동가가 되겠다고 하는 그 꿈을 이룰 수만 있다면 지미 카터 대통령보다 더 멋진 '대통령 이후'를 보낼 수 있을 것이다.

대통령 임기 중 녹색성장을 성공적으로 추진하고, 퇴임 후 그 일을 개인적으로 이어갈 수만 있다면, 그리하여 청와대 녹지원에서 어린이들에게 말한 것처럼 녹색 운동가로서 꾸준히 활동한다고 하면, 이 대통령은 환경 부분에서 노벨상을 받는 우리나라 최초의 퇴임 대통령도 될 수 있을 것이다. 이 얼마나 감격스러운 일인가? 이 대통령 개인으로서도 영광이지만, 우리나라로서도 큰 경사가 아닐 수 없을 것이다.

이 대통령이 선언하고 추진한 정부의 핵심 정책인 녹색성장! 내가 선언하고 추진한 농업의 혁명인 생명환경농업! 나는 녹색성장과 생명환경농업의 역사적인 만남을 이루어 내고 싶었다. 생명환경농업은 농촌 군수가 추진해야 할 사업이 아니며 정부 차원에서 범국민운동으로 승화시켜 추진해야 한다는 사실을 계속 주장했던 이유도 녹색성장과 생명환경농업의 만남을 이루어 내고 싶은 강한 바람에서였다. 나는 생각했다.

"왜 이 대통령은 녹색성장에 농업이 포함되지 않은 것을 깨닫지 못할까?"

생명환경농업이 녹색성장의 중심이라고 아무리 목소리를 높여도, 정부로부터는 아무 반응이 없었다. J 농림축산식품부 장관은 생명환경농업에 대한 확신도 없었고, 이를 정부 차원에서 추진하고자 하는 의지도 없었다. 해당 부처의 장관이 확신을 갖지 못하고 추진 의지도 없는데 어떻게 정부 차원에서 생명환경농업을 추진할 수 있겠는가? 나는 마치 전쟁터에 나서는 장수처럼 비장한 각오를 하기에 이르렀다.

"이 중요한 일을 이루어 내기 위해서는 내가 해당 부처의 책임자가 되어야 해. 그것이 녹색성장과 생명환경농업의 만남을 이루어내는 유일한 방법이야. 그것이 우리나라를 위한 일이며, 대통령을 위한 일이 될 거야."

이 대통령이 고성을 방문한 것은 2009년 7월 31일이었다. 나는 이 대통령이 생명환경농업 연구소를 방문할 수 있기를 희망했다. 그래야 생명환경농업에 관해서 체계적으로 설명할 수 있기 때문이다. 그러나 청와대의 농업 비서관은 대통령의 생명환경농업 연구소 방문을 반대했다.

"생명환경농업은 아직 검증되지 않은 농법입니다. 대통령을 생명환경농업 연구소로 모실 수는 없습니다. 농업 현장으로 모시도록 일정을 잡아 주십시오."

"왜 알맹이는 빼고 겉만 보시게 합니까? 대통령께서 정확한 내용을 아실 수 있도록 하는 것이 중요하지 않습니까? 생명환경농업 연구소로 모시도록 해 주십시오."

"대통령의 고성군 방문은 고성군 행사가 아니고 청와대 행사입니다. 농업 현장으로 모시도록 일정을 잡아 주십시오."

결국, 이 대통령의 생명환경농업 연구소 방문은 이루어지지 못했으며, 한 참다래 농장을 방문하는 것으로 결정되었다. 생명환경농업 연구소처럼 체계적으로 설명할 수는 없었지만, 그래도 최선을 다해 준비했다. 현황판을 만들었으며, 농민들이 직접 배양한 미생물을 참다래밭의 군데군데에 쌓아두었다. 천연농약도 대통령이 볼 수 있도록 농장 입구에 준비해 놓았다.

현장 안내와 설명은 농장을 경영하는 C 사장이 했다. 그러나 미생물을 쌓아놓은 곳에 가서는 내가 직접 설명했다. 나는 미생물을 가리키면서 말했다(그림 2).

"이 미생물은 우리 농민들이 직접 배양하여 만들었습니다. 이 미생물을 토양에 살포하면 빠른 속도로 번식하게 되며, 지렁이를 비롯한 각종 생물의 훌륭한 먹이가 됩니다. 따라서 토양에 여러 가지 생물이 많아지면서 흙이 살아 숨 쉬게 됩니다."

내 설명을 듣고 있던 이 대통령이 갑자기 물었다.

"이것이 미생물이란 말입니까? 내 눈에는 잘 안 보이는데?"

좀 민망했지만 설명하지 않을 수 없었다.

"미생물은 육안으로는 보이지 않습니다. 현미경으로만 관찰할 수 있습니다. 그래서 이름이 미생물입니다."

점심은 고성군 농민 대표 약 20여 명과 함께 했다. 식사하기 전 내가 건배사를 했다.

그림 2 이명박 대통령에게 미생물을 가리키며 설명하고 있다

"대통령님께서는 지난 어린이날 청와대로 어린이들을 초청하여 대화하는 자리를 마련하셨습니다. 그때 앞으로 이루고 싶은

꿈이 무엇이냐고 하는 한 어린이의 질문에 세계적인 녹색 운동가가 되고 싶다고 말씀하셨습니다. 오늘 고성의 생명환경농업 현장을 방문한 것이 대통령님의 그 꿈을 이룰 수 있는 계기가 되기를 바라며, 아울러 우리나라가 세계적인 녹색 강국이 되는 큰 전환점이 될 수 있기를 바랍니다."

이 대통령이 어린이들에게 녹색 운동가가 되고 싶다고 한 말을 상기시켰다. 그리고 고성 방문의 의미를 크게 부각시켰다. 나는 이 대통령이 나의 건배사에 담긴 의미를 이해해 주기를 바랐다.

그러나 녹색성장과 생명환경농업의 만남은 끝내 이루어지지 못했다. 그리고 이 대통령은 녹색 운동가의 길을 놓쳐버리고 말았다. 그 이유가 무엇일까?

"이 대통령이 국민과 진정으로 소통하는 대통령이 아닌, '청와대 안의 대통령'이었으며, 그 결과 녹색성장과 생명환경농업의 만남을 이루어야 한다는 나의 주장에 귀를 기울이지 않았기 때문이다."

녹색성장과 생명환경농업이 만났다고 하면

이명박 대통령이 퇴임한 후 1년 뒤, 강원도 평창에서는 제12차 세계 생물다양성 총회가 열렸다. 이 대회에는 170여 개국의 대표단과 국제기구, 환경단체, 산업계 관계자 등 역대 최대 규모인 2만여 명이 참가했다.

이 대통령은 재임 시절 녹색성장을 국정의 핵심 정책으로 했기 때문에 이 대회와 밀접한 관계가 있다고 말할 수 있다. 그런데 안타깝게도 퇴임한 이 대통령은 이 대회와 아무 관계 없는 사람이 되어버렸다. 그런데 이런 가정을 해 보자.

"만일 이 대통령 재임 시, 녹색성장과 생명환경농업의 만남이 이루어졌다고 하면 어떻게 되었을까?"

이 질문에 대한 답을 나는 조심스럽게 이렇게 말하고 싶다.

"이 대통령은 평창에서 열린 세계 생물 다양성 총회에 초대되어 자신만만한 모습으로 기조연설을 할 수 있었을 것이다. 그 기조연설에서 이 대통령은 재임 중 이루어 낸 녹색성장과 생명환경농업의 만남에 관해 소개했을 것이다. 특히, 논 습지(그림 3)의 중요성을 강조했을 것이다. 논 습지가 지구 환경 보호라는 습지의 역할을 제대로 하기 위해서는 농업을 화학농업에서 생명환경농업으로 바꾸어야 한다고 힘주어 말했을 것이다. 기조연설이 끝난

그림 3 논 습지

후 이 대통령은 2만여 명의 참석자들로부터 우레와 같은 기립 박수를 받았을 것이다. 형식적인 박수가 아니라 진심에서 우러나오는 박수였을 것이며, 박수가 지속한 시간도 다른 여느 박수보다 길었을 것이다. 이 대통령은 가슴이 뭉클해오는 뿌듯함을 느꼈을 것이며, 어쩌면 눈시울을 살짝 적셨을지도 모른다. 언론을 통해 그 광경을 지켜본 우리 국민도 이 대통령이 무척 자랑스러웠을 것이다."

그러나 지금 내가 말한 것은 너무 아쉬워 상정해 본 하나의 가정에 불과하다. 우리가 잘 알다시피, 실제 그런 일은 일어나지 않았다. 재임 중 야심 차게 녹색성장을 부르짖었던 이 대통령은 생물 다양성 총회에 초대받지 못했다.

왜 이런 말도 안 되는 일이 발생했을까? 녹색성장을 국정의 핵심 정책으로 부르짖었던 대통령이 퇴임한 후 1년밖에 되지 않는 시점에, 환경을 주제로 한 총회가 다른 나라도 아닌 그 대통령의 나라에서 개최되었다. 그런데 그 대통령이 그 대회에 초대받지 못한 이유가 무엇일까? 이 질문에 대해 주최 측에서는 아마 이렇게 대답할 것이다.

"녹색성장을 구호로만 외쳤을 뿐, 실제로는 행하지 않았기 때문이다."

그러나 나는 이 질문에 대해 이렇게 대답하고 싶다.

"녹색성장과 생명환경농업의 만남이 이루어지지 않았기 때문이다."

만일, 이 만남이 이루어졌다고 가정해 보자. 바로 그 순간 이 대통령의 녹색성장은 새로운 엔진을 달고 새롭게 출발했을 것이다. 그리고 전 세계의 환경운동가들이 한국의 녹색성장을 바라보는 시각이 달라졌을 것이다. 기존의 녹색성장을 국민에게서 인기를 얻기 위해 외치는 구호라고 생각했다면, 새롭게 출발하는 녹색성장은 구호가 아닌 실천이며 행동이라고 생각했을 것이다.

우리나라에는 우포늪을 비롯하여 모두 22개의 습지가 람사르 습지로 등록되어 있다. 그러나 이들 습지 못지않게 중요한 것이 논 습지다. 그동안 우리는 논 습지의 중요성을 깨닫지 못하고 있었다. 그러나 이 만남을 통해서 논 습지의 중요성을 깨닫게 되었을 것이다. 죽어가는 논 습지를 생명이 살아 넘치는 논 습지로 만들기 위한 운동이 전개되었을 것이다. 그 운동은 범국민운동이 될 수 있었을 것이며, 우리나라 논 습지는 모두 람사르 습지로 등록될 수 있었을 것이다. 논 습지에서 사라졌던 희귀동물들이 나타나기 시작했을 것이며, 그 희귀동물들이 나타날 때마다 언론에서 관심 있게 보도했을 것이다. 세계의 환경운동가들이 이 모습을 관찰하기 위해 우리나라로 모여들었을 것이다.

논 습지의 중요성이 부각되면서 우리 조상들의 지혜가 담긴 둠벙(그림 19)이 복원되기 시작했을 것이다. 논 습지와 둠벙은 녹색성장의 나라 대한민국을 상징하는 아이콘이 되었을 것이다.

바로 이즈음 우리는 전혀 예측하지 못한 복병을 만났을지도 모른다. 생명환경농업 때문에 크게 피해를 본 농약 회사(비료회사 포함)가 분노를 폭발했을 가능성이 있다. 농약 회사는 직원을 대량으로 해고하는 큰 폭의 구조 조정을 할 수밖에 없다면서 정부를 향해 목소리를 높였을 것이다. 전국에 산재해 있는 농약 가게도 집단 반발했을 것이다.

아이가 성장하기 위해서는 성장통을 겪게 된다. 그 성장통을 이겨내야만 성장의 기쁨을 맛볼 수 있다. 농약 회사의 항의와 전국에 산재해 있는 농약 가게의 반발은 우리나라가 환경 강국으로 새롭게 태어나기 위한 성장통이다. 우리는 그 성장통을 이겨내기 위한 노력을 함께 했을 것이다.

이 세상에 해결할 수 없는 문제는 없다고 한다. 어려운 문제일수록 더 기막힌 답이 있다는 말도 있지 않은가? 진실로 가장 큰 문제는 문제가 있다고 하는 사실을 모르는 것이다. 농약으로 인해 우리 국토가 파멸되어 가고 있으며, 우리 건강이 나빠지고 있다는 사실을 모른다고 하면, 그것이야말로 큰 문제다. 우리는 문제를 알았고, 그 문제를 해결하는 과정에서 나타나는 여러 가지 어려움은 함께 지혜를 모으면 극복해 나갈 수 있다. 우리는 농약 회사와 농약 가게의 항의와 반발을 전 국민의 지혜로 해결해 내었을 것이다.

나는 생명환경농업이 녹색성장의 중심이 되어야 하는 이유를 이 대통령에게 자세히 설명했을 것이다. 어쩌면 이 대통령은 나보다 더 깊이 생명환경농업에 심취했을지도 모른다. 이 대통령은 어린이들에게 말했던 녹색 운동가의 길로 다가가고 있었을 것이다.

축산에서도 큰 변화가 일어났을 것이다. 지금 우리나라 축산은 현대화 사업이라는 명목으로 정부로부터 많은 예산을 지원받고 있다. 아파트형 구조, 밀폐형 공간, 시멘트 바닥, 각종 최신식 시설로 만들어진 공장형 축사가 현대화 사업의 축사 구조다. 건축 비용이 평당 약 500만 원이라고 하니 사람이 사는 아파트에 버금간다. TV에 출연한 모 셰프가 아주 흐뭇한 표정으로 돼지고기를 들어 올리며 말했다.

"이 돼지고기는 아주 위생적이고 깨끗합니다. 아파트처럼 건축된 요즘의 현대식 축사는 옛날과 달리 아주 위생적이고 깨끗하기 때문입니다."

순간 방청석에서 '와'하는 함성이 터져 나왔다. 그 셰프의 말에 한 치의 의심 없이 동의하는 환호성이었다. 어이가 없어도 너무 어이가 없었다. 아파트와 같은 공장형 축사에서 생산된 돼지고기를 아주 위생적이고 깨끗하다고 하니 말이다.

공장형 축사는 셰프가 말한 바와 같이 사람이 사는 아파트와 같은 구조로서, 밀폐형 축사라 일컫기도 한다(p.217 참조). 밀폐되어 있기 때문에 축사 내부로 햇빛이 들어오지 않고 바람도 통하지 않는다. 따라서 축사에서는 악취가 생길 수밖에 없다. 이런 환경에서 돼지는 많은 스트레스를 받게 되며, 각종 질병에 대한 저항력도 약하다. 여러 가지 질병이 쉽게 발생할 수 있는 비위생적인 환경이라는 말이다. 질병을 예방하기 위해서 돼지에게 항생제 주사를 투여하고, 항생제를 사료에 섞어 먹이고, 각종 약품을 축사 바닥에 뿌린다. 셰프가 자랑스럽게 들고 있던 돼지고기는 바로 여기서 얻어진 고기다. 절대로 위생적인 고기가 아니며, 깨끗한 고기도 아니다.

내가 주장하는 생명환경축산의 개방형 축사는 공장형 축사 구조와 정반대라고 생각하면 된다. 옛날의 축사 구조를 과학적으로 발전시킨 것이다. 시멘트 바닥이 아닌 미생물 바닥이기 때문에 돼지가 몸을 뒹굴고 주둥이로 바닥을 파는 등 본능적인 행동을 얼마든지 할 수 있다. 축사 내부로 따뜻한 햇빛이 들어오고, 시원한 바람도 잘 통한다(그림 22). 이런 환경에서는 돼지가 스트레스를 받지 않으며, 각종 질병에 대한 저항력도 강하다. 가축의 분뇨가 미생물에 의해 발효되므로 따로 처리할 필요가 없으며, 분뇨로 인한 악취도 나지 않는다. 이런 환경이 진짜 위생적이고 깨끗한 환경이다. 이처럼 생명환경축산은 우리가 알고 있는 축산의 상식을 바꾸어버렸다. 나는 이 대통령에게 말했을 것이다.

"대통령님, 생명환경축산을 하게 되면 구제역과 AI가 발생하지 않습니다."

이 말에 이 대통령은 깜짝 놀라면서 말했을 것이다.

"아니, 어떻게 그것이 가능합니까?"

나는 그 이유를 이 대통령에게 설명했을 것이다.

"환경이 깨끗하여 질병 발생이 근본적으로 차단되며, 가축 스스로도 구제역, AI와 같은 질병에 대해서 강한 저항력을 가지고 있기 때문입니다."

이 대통령은 퇴임하면서 생명환경축산에 관해 거의 전문가가 되어 있었을 것이다. 진정한 녹색 운동가로서의 준비가 되어 있다는 뜻이다.

앞서 내가 가정한 상황, 즉 이 대통령이 평창의 세계 생물다양성 총회에서 기조연설을 하고, 우레와 같은 기립 박수갈채를 받게 되는 상황은, 가정이 아니라 엄연한 현실이 되었을 것이다. 그리고 이 대통령은 환경 분야에서 노벨상을 받는 우리나라 최초의 퇴임 대통령도 될 수 있었을 것이다.

02

일자리 대박을 놓친 박근혜 대통령의 창조경제

일자리 창출을 위한 산업의 구조 개혁

"지금 우리 사회에서 가장 큰 복지는 무엇이 되어야 하는가?"

이 질문에 대해서 나는 조금의 망설임도 없이 이렇게 대답하고 싶다.

"일자리 창출이 되어야 한다."

일자리 창출이 가장 큰 복지라고 하는 사회적인 공감대가 형성될 때 우리 사회는 건전하고 행복한 사회가 될 수 있을 것이다.

이번에는 이런 질문을 해보자.

"오늘날 우리가, 특히 젊은이들이, 가장 몰입하고 있는 것이 무엇이냐?"

아마 대부분의 사람은 이렇게 대답할 것이다.

"IT다."

우리 사회가 온통 IT 세상이다. 정부도, 언론도, 모두 IT를 강조한다. 곧 4차 산업혁명이 일어나게 되고, 그 결과 사물인터넷(IoT)

이 일반화될 것이며, 우리 사회가 초연결사회로 접어들게 될 것이라면서 흥분에 들떠 있다. 우리가 모두 IT 마니아가 되어 버린 느낌이다. 상황이 이렇다고 하면 우리 사회의 가장 큰 복지인 일자리 창출은 바로 IT에서 이루어져야 할 것이다. 그런데 과연 그러한가? IT로 말미암아 몇 개의 일자리가 창출되었는가? 여기서 나는 특별히 '말미암아'란 단어를 사용했다. IT로 '인해서' 몇 개의 일자리가 만들어졌는가를 강조해서 질문한 것이다. 어느 자동차 회사의 이야기다.

"매출이 63조에서 133조로 증가했다. 그러나 직원은 10%밖에 증가하지 않았다."

매출이 2배 이상 증가했는데 직원은 겨우 10% 증가했다는 사실은 무엇을 의미하는가? 두 가지 의미를 부여할 수 있다.

첫째, 컴퓨터, AI, 로봇 등 IT의 발달로 인해 자동화, 단순화, 지능화가 이루어져 매출은 두 배나 증가했지만, 일자리는 거의 증가하지 않았다고 하는 사실이다.

둘째, 증가한 수익을 다수의 사람이 나누어 가지지 않고, 소수의 사람이 가져갔다고 하는 사실이다.

이러한 현상이 어디 이 자동차 회사뿐이겠는가? 어디를 가도 사람 대신 컴퓨터, AI, 로봇 등 IT 기계들이 일하고 있는 모습을 쉽게 목격할 수 있다. 일자리가 사라지는 모습이 우리 눈에 그대로 비쳐오지 않는가? 이러한 현상은 앞으로 계속될 것이다. 이것이 바로 IT가 우리에게 안겨준 슬픈 선물이다.

왜 이런 일이 발생했는가? IT 기계들이 우리의 손과 두뇌를 대신하게 되었기 때문이다. 앞으로 우리의 감각까지 대신한다면 우리 인간은 숨 쉬는 것 외에는 별로 할 일이 없을 것이다. 그런 시대가 우리를 향해 성큼성큼 다가오고 있다.

물론 IT의 발달에 따라 IT 분야를 전공하는 교수, 연구원, 학생들을 위한 일자리는 계속 만들어질 수 있을 것이다. 그들은 IT를 계속 연구하여 새로운 내용을 발표할 것이며, 또다시 우리의 일자리를 빼앗아 갈 것이다.

IT가 발달할수록 우리의 일자리는 하나씩 우리로부터 떠나갔다. 부끄럽게도 우리는 지금까지 우리의 일자리가 떠나가는 모습을 애써 외면해 왔다. 우리가 IT에 너무 매료되어 있었고, 그래서 우리의 눈이 멀어버렸기 때문이다. 청춘남녀가 사랑에 빠지면 눈에 콩깍지가 씐다고 하듯이, 우리도 IT에 너무 빠져버려 눈에 콩깍지가 씌었던 것 같다.

가슴에 손을 얹고 조용히 귀를 기울여 보라. IT가 강조되는 순간마다 사람의 일자리가 사라지는 소리가 귀에 들리는 것 같지 않은가? 그런데도 정부와 언론은 IT가 일자리를 창출할 것이라고 믿고 있으며, 4차 산업혁명이 우리를 행복하게 만들어 줄 것이라고 맹신하고 있다.

우리는 IT 시대에 살고 있다. 따라서 IT에 대한 여러 메커니즘을 이해할 필요는 있다. 그러나 우리가 모두 IT 마니아가 되거나 IT에 몰입할 필요는 없다. 마치 이 분야에 엄청난 일자리가 있는 것처럼 흥분하거나 잘못 이해해서는 안 될 것이다. 우리는 지금 정신을 바짝 차려야 한다. 그리고 IT가 모든 것을 해결해 줄 것이라고 하는 잘못된 믿음에서 벗어나야 한다.

우리에게 가장 중요한 일자리 창출! 그러나 말로만 일자리 창출을 부르짖을 뿐 아무도 정확한 답을 내놓지 못하고 있다. 자동차, 조선, 휴대폰, 반도체 등 우리 사회의 주요 산업에 일자리 추가 창출은 불가능하다. IT의 발달로 인해서 일자리는 오히려 더 줄어들고 있다.

결론적으로, 지금 우리 경제를 주도적으로 이끌고 있는 기존 산업에서의 일자리 추가 창출은 한계에 도달했다. 창조경제를 아무리 외쳐도, 4차 산업혁명을 아무리 부르짖어도, 일자리가 만들어질 수 없는 것은 우리 산업 구조상 어쩔 수 없는 일이다.

그런데 설상가상으로 일자리 창출에 뜻하지 않은 비상사태가 발생하고 말았다. 정부에서 국가 경제를 살리기 위해서 조선, 해운업 등을 위주로 하여 기업의 구조 조정을 추진했기 때문이다. 구조 조정을 하지 않으면 우리 경제가 다시 살아날 수 없기 때문에 나온 극약 처방이라고 했다.

구조 조정을 한다는 말은 무엇을 의미하는가? 일자리를 줄인다는 뜻이다. '구조 조정'이라는 말은 정부와 정치권이 외치고 있는 '일자리 창출'이라는 말과 정반대되는 용어 아닌가? 일자리 창출을 외치면서 동시에 구조 조정을 해야 하는 모순된 상황에 빠져버리고 말았다. 참으로 아이러니한 현상이 벌어지는 것을 우리는 두 눈으로 지켜보았다.

정부가 추진한 구조 조정에 대해서 안철수 당시 모 정당 대표(그림 4)는 구조 조정을 넘어 구조 개혁을 해야 한다면서 이렇게 주장했다.

"미국의 경우 마이크로 소프트, 아이비엠, 메리어트 등 글로벌 수준의 경쟁력을 가진 대기업들이 한 분야만을 전문으로 한다. 우리나라에서는 소수의 재벌그룹이 다양한 업종을 하고 있으며, 이는 결코 지속 가능하지 않다. 재벌은 문어발식 산업구조에서 탈피하여 한두 분야에 목숨을 걸어야 한다. 그리하여 글로벌 수준의 대기업으로 재편해야 한다."

우리나라 대기업의 문어발식 산업구조를 개혁해야 한다는 주장에는 동의한다. 그러나 그것이 우리가 직면하고 있는 일자리 창출에 대한 답일까? 안 대표의 주장은 양극화 해소에는 어느 정도 기여할 수 있지만, 일자리 창출에는 별로 기여할 수 없다는 것이 내 생각이다.

그림 4 안철수 모 정당 대표

내가 말하는 산업의 구조 개혁은 안 대표가 주장하는 산업의 구조 개혁과는 그 의미가 완전히 다르다. 안 대표는 우리나라 재벌의 문어발식 산업구조를 개혁하는 '재벌의 구조 개혁'을 주장했지만, 나는 새로운 일자리를 창출하기 위해 주력산업을 교체하는, 진실된 의미의 '산업의 구조 개혁'을 주장하고 있다.

해방 이후 우리나라에서는 '산업의 구조 개혁'이 몇 차례 이루어졌다. 1960년대까지는 농업이 우리의 주력산업이었다. 1970년대에 들어서면서 경공업과 중화학공업이 새로운 주력산업으로 등장했다. 이때 젊은이들은 일자리를 찾아 농촌에서 도시로 이동해 가기 시작했다. 1980년대에 접어들면서 자동차공업과 조선산업이 새로운 주력산업으로 자리매김했다. 자동차산업과 조선산업에서 새로운 일자리가 창출되었다는 말이다. 1990년대에 들어서면서 반도체산업과 휴대폰산업 등 IT 산업이 우리의 주력산업으로 화려하게 등장했다. 이것이 바로 3차 산업혁명이다. 그러나 3차 산업혁명의 IT 산업에서 만들어지는 새로운 일자리는 단순화와 자동화를 촉진함으로써 사회 전체적으로는 일자리를 오히려 감소시키는 결과를 가져왔다.

재벌의 문어발식 산업구조를 개혁하는 '재벌의 구조 개혁'도 필요하지만, 일자리 창출을 위한 '산업의 구조 개혁'을 지체하지 말고 추진하는 것이 중요하다. 일자리 창출, 특히 청년 일자리 창출을 위한 산업의 구조 개혁! 그 답을 엄숙한 마음으로 제시한다.

"생명환경농업을 중심으로 한 생명산업(LT)을 우리의 새로운 주력산업으로 만드는 것이다."

그 이유가 무엇이냐고 묻는가? 나는 한 치의 흔들림 없는 마음으로 답한다.

"생명산업(LT)은 IT에 빼앗긴 우리의 일자리를 창출할 수 있는 유일한 산업이기 때문이다."

일자리 대박을 놓친 박근혜 대통령의 창조경제

창조경제에 대한 관련 전문가의 설명을 잠시 살펴보자.

"ICT의 발전을 통해 우리 사회는 진정한 초연결사회를 구현하는 방향으로 변화하고 있다. 인간과 인간, 인간과 사물, 사물과 사물이 인터넷과 모바일로 연결되는 이러한 초연결사회야말로 창조경제가 구현될 수 있는 기반이다. 우리나라는 특히 이러한 초연결사회의 가능성이 가장 높은 사회의 하나다. 단순하게 경제를 넘어서 사회 전체가 창조사회로 가는 길을 ICT가 깔고 있다."

ICT가 발전하면 우리 사회가 초연결사회로 변화된다는 사실은 분명하다. 그런데 그다음의 설명이 나를 어리둥절하게 만들었다. 초연결사회를 일컬어 창조경제가 구현될 수 있는 기반이라고 하니 말이다! 창조경제의 궁극적인 목표가 일자리 창출이라는 사실을 모르고 하는 소리인가? 초연결사회에서 우리의 일자리가 어떻게 될 것인지 생각해 보았는가? 우리 손으로 해야 할 일이 없어지는 것은 말할 것도 없고, 심지어 우리 머리로 생각할 필요도 없어지는 사회가 될 것이다. 그런 사회에서 일자리 창출 운운

하는 것은 우스꽝스러운 일일 수밖에 없다.

우리나라는 초연결사회가 될 가능성이 가장 높은 나라라는 말에 전적으로 동의한다. 지금도 우리나라는 세계 최강의 인터넷 강국임을 자랑하고 있지 않은가? 그런데 그다음의 말이 아무래도 마음에 걸린다.

"단순하게 경제를 넘어서 사회 전체가 창조사회로 가는 길을 ICT가 깔고 있다."

이런 경우를 일컬어 어이가 없다고 말한다. 너무 어이가 없어서 묻는다.

"도대체 대한민국을 어떤 나라로 만들고, 우리 국민을 어떻게 하겠다는 말인가?"

ICT 기계들이 사람 대신 일을 하고, 사람이 있어야 할 곳에 있고, 심지어 사람 대신 느끼기까지 하는 사회! ICT 전문가들을 위한 일자리만 창출되고, 나머지 사람들은 실직자로 전락하는 사회! 새로운 ICT 프로그램을 개발한 사람은 재벌이 되고, 그것을 이용하는 나머지 사람들은 가난한 사회! 그런 사회가 우리가 원하는 창조사회인가?

시내버스와 고속버스의 안내양이 사라진 것은 아주 옛날이야기가 되어버렸다. 안내양이 있던 자리에는 컴퓨터가 앉아 있다. 그 일자리 숫자가 얼마인가? 안내양에게 지급될 임금은 컴퓨터 회사와 프로그램 개발자에게 주어졌다. 여기서 부(富)의 편중 현상이 발생했다.

고속도로 톨게이트에서는 '하이패스'라는 이름의 자동화 시스템이 사람이 하던 일을 빼앗아가 버렸으며, 그곳에서 일하던 사람들은 실직자가 되어버렸다. 많은 사람에게 지급되던 임금은 하이패스와 관련된 컴퓨터 회사에 주어졌다. 부의 편중 현상이 또 발생했다.

서울을 비롯한 대도시의 지하철에서도 마찬가지 현상이 발생했다. 승차권 판매, 승하차 확인 등 모든 일이 컴퓨터에 의해 처리되고 있다. 그 많은 직원은 모두 직장에서 쫓겨나 어디로 갔을까? 그들이 받던 임금은 컴퓨터 회사가 받고 있다. 부의 편중 현상이 더욱 심화되었다.

KTX 승차권 판매 및 승하차 확인 등에서도 마찬가지 현상이 발생했다. 엄청난 일자리 증발 현상을 우리 눈으로 직접 보고 있지 않은가? 부의 편중 현상이 심화되고 있는 현실을 피부로 느끼고 있지 않은가?

자율주행차가 등장하면 버스, 택시, 화물차 등에서 일하던 운전기사들은 모두 직장을 잃어버리게 될 것이다. 머지않아 드론이 택배회사 직원들의 일자리도 모두 빼앗아갈 것이라고 한다. 여기서 증발하는 일자리는 또 얼마나 많은가? 많은 사람이 함께 나누어 가지던 재화는 자율주행차와 드론을 개발한 회사가 모두 가져갈 것이다.

이처럼 IT, ICT 기술이 발달하면서 우리의 일자리는 계속 없어지고, 우리 사회의 재화(財貨)를 나누어 가질 기회도 점점 사라지고 있다. 고용 시장이 사라지고, 사회 양극화가 심화된다는 뜻이다.

이런 현상은 우리 사회의 모든 곳에서 발생하고 있으며, 관련 기술의 발달과 함께 더 많이 발생할 것이다. 자동화가 이루어지는 순간부터 일자리 증발과 부의 편중 현상은 속도를 내기 시작했고, 우리는 이 슬픈 현실에 점점 무감각해져 가고 있다.

우리 모두 가슴에 손을 얹고 냉정하게 생각해 보자. 그리고 더는 IT, ICT를 강조하여 이야기하지 말고, 그 발전에 흥분하지도 말자. 한계점에 도달했다는 생각이 들지 않는가?

물론, 구글을 위시하여 관련 기업들과 그 분야 전문가들은 자꾸 이벤트를 벌이고, 중요성을 강조하고, 새로운 내용을 공개할 것이다. 마치 IT가 우리를 위한 일자리를 만들어 줄 것처럼, 그리고 우리에게 행복을 가져다줄 것처럼 호도할 것이다. 그리고 이런 주장을 펼치는 나를 무식한 사람이라 깎아내릴지도 모른다. 그러나 우리는 바짝 정신을 차려야 한다. 그 어떤 유혹에도 넘어가지 말아야 하며, 그들의 장단에 춤을 추어서는 더욱더 안 될 것이다.

박근혜 대통령은 통일은 대박이라고 했다. 맞는 말이다. 통일은 우리 민족에게 분명 대박이 될 것이다. 그러나 그 대박은 우리 의지만으로 되는 것이 아니다. 이 지구상에서 가장 다루기 힘든 독재자인, 김정은이라고 하는 상대가 있기 때문이다. 따라서 통일은 빨리 올지 늦게 올지 아무도 예측할 수 없다. 그런데 여기 우리 의지만으로도 가능한 대박이 있다.

"생명환경농업을 정부 주도로 추진하면 우리에게 일자리 대박이 찾아올 것이다."

만일 정부가 의지를 가지고 생명환경농업을 추진하면 상상을 초월하는 많은 숫자의 일자리가 만들어질 수 있을 것이다(p.142, p.193 참조). 나의 이러한 설명에 대해 다음과 같이 반응할지도 모른다.

"일자리 대박이라고? 그게 무슨 일자리 대박이야? 농사는 70대 노인들이 하는 일인데, 그런 농사를 짓겠다고 하는 젊은이가 어디 있어?"

이러한 반응은 농업과 관련한 고정관념에서 나온 말이다. 생명환경농업에서는 이러한 고정관념이 깨어지게 될 것이다. 농업이 매력 있는 신산업(新産業)으로 탈바꿈할 수 있기 때문이다. 그러나 그렇게 되기 위해서는 정부의 강력한 의지가 있어야 한다.

열차 선로 폭에 관한 흥미 있는 이야기를 소개한다. 2011년 6월 그 임무를 마치고 퇴역한 유인 우주왕복선 엔데버호에 사용된 로켓의 너비는 143.5㎝였다. 사실 당시 기술자들은 로켓을 좀 더 크게 만들고 싶었지만 그렇게 할 수 없었다. 그 이유는 로켓을 운반하는 열차가 터널을 통과해야 하므로 너비를 열차 선로 폭에 맞출 수밖에 없었기 때문이다.

그렇다면 열차 선로 폭은 왜 그렇게 좁게 만들어졌을까? 열차 선로 폭은 19세기 초 영국에서 처음 정해졌다. 당시 석탄 운반용 마차 선로를 지면에 깔아 열차 선로를 만들었다. 마차 선로의 폭은 말 두 마리가 끄는 마차 폭에 맞춰 만들어졌다. 결국, 우리 인간은 2,000년 전 말 두 마리가 끄는 마차 폭으로 정해진 그 선로 폭의 굴레에서 벗어나지 못하고 있다.

농업은 오랜 옛날부터 우리의 가장 중요한 일자리였다. 그러나

1970년대 초 산업화가 이루어지면서 젊은이들은 새로운 일자리를 찾아 도시로 이동해 갔으며, 농업은 노인들의 전유물이 되고 말았다. 그 과정을 거치면서 우리의 머릿속에 깊이 박히게 된 농업에 관한 이미지는 이렇다.

"농업은 경쟁력이 없으며, 미래도, 희망도 없다."

경쟁력 없는 농업에서 아무도 미래를 찾으려 하지 않는다. 농업에는 한 오라기의 희망도 없는 것처럼 생각하고 있다. 열차 선로 폭이 왜 지금의 너비로 되었는지 아무도 생각하지 않듯이, 농업이 왜 경쟁력이 없는지 아무도 생각하지 않는다.

2,000년 전 정해진 열차 선로는 지금 바꿀 수 없다. 상상을 초월할 정도로 큰 비용을 지불해야 하기 때문이다. 그런 큰 비용을 지불하면서 열차 선로 폭을 바꾸어야 할 필요도 없다. 그러나 농업은 바꿀 수 있다. 큰 비용을 지불하지 않아도 되며, 반드시 바꾸어야 할 필요도 있다. 양질의 일자리 창출을 가능하게 하는 일자리 대박이며, 우리나라를 세계적인 농업 강국으로 만들 수 있는 효율적인 방법이기 때문이다.

바로 여기서 검은 백조(black swan) 이야기를 소개하지 않을 수 없다(그림 5). 1697년 호주 대륙에서 검은 백조가 발견되기 전까지 유럽 사람들은 모두 백조(Swan)는 흰색이라고 생각했다. 그때까지 발견된 백조가 모두 흰색이었기 때문이다. 검은 백조가 발견된 후 이 용어는 절대 존재하지 않을 것으로 생각했으나 실제 발생하거나 발견되는 현상을 뜻하게 되었다. 여기서 말하는 '검은 백조'는 바로 '대박'을 의미한다.

생명환경농업은 우리에게 일자리 대박이라는 선물을 안겨줄 것이다. 다시 말해서 우리 산업에 나타난 검은 백조가 될 것이다.

박 대통령의 창조경제는 일자리 창출과는 크게 관련이 없는 창조문화라는 구호에 매달리면서, 정작 일자리 대박이며 검은 백조인 생명환경농업에는 관심을 가지지 않았다. 그 결과 박 대통령의 창조경제는 일자리 대박을 놓쳐버릴 수밖에 없었다.

그림 5 검은 백조

생명환경농업을 창조경제의 중심으로 했다고 하면

창조경제는 박근혜 대통령의 핵심 정책이었다. 사실, 창조경제란 단어는 우리에게 생소한 단어였다. 박 대통령이 창조경제를 국정의 핵심 정책으로 제시하면서 창조경제란 단어가 등장했으며, 언론에 수없이 보도되면서 우리 귀에 친숙한 단어가 되었다. 그러나 창조경제의 정확한 뜻을 아는 사람은 별로 많지 않은 것 같다.

창조경제란 말은 영국의 경영전략가인 존 호킨스가 2001년 펴낸 책 '창조경제(그림 6)'에서 처음 사용한 말이다. 영국 학자에 의해 만들어진 창조경제란 단어가 박근혜 정부의 5대 국정 목표 중에서도 핵심 정책으로 자리를 잡게 되었다. 창조경제에 대한 박근혜 정부의 설명을 들어보자.

"넓은 의미에서 창조경제는 기존의 추격형 경제, 모방형 경제에서 벗어나 선도형 경제, 창의형 경제로 나아가기 위해 경제성장의 패러다임을 전환하는 것을 의미한다. 이에 반해 좁은 의미의 창조경제는 첨단 과학기술 및 ICT 등을 기반으로 산업/기술 간 융합을 통해 성장잠재력을 확충하고, 이를 통해 좋은 일자리를 만들기 위한 것을 의미한다."

추격형 경제, 모방형 경제에서 선도형 경제, 창의형 경제로 경제성장의 패러다임을 전환한다는 넓은 의미의 창조경제! 얼마나 좋은 뜻이며 훌륭한 취지인가? 그런데 경제성장의 패러다임을 잘못된 방향으로 전환하는, 즉 창조문화를 창조경제의 중심으로 하는 실수를 저지르고 말았다.

문화는 우리 생활 속에서 오랜 세월을 거치면서 형성되는 것이기 때문에 창조문화란 말은 근본적으로 적절한 표현이라고 할 수 없다. 설령, 새로운 아이디어로 우리가 가진 문화를 창의적으로 발전시켜 나간다고 하더라도 거기에서 얼마나 많은 일자리가 창출되겠는가? 창조문화가 우리 경제를 선도형 경제, 창의적 경제로 전환해 나간다는 것은 현실과는 거리가 먼 이야기다.

그림 6 존 호킨스의 창조경제

첨단 과학기술 및 ICT를 기반으로 산업/기술 간 융합을 통해 성장잠재력을 확충하고, 이를 통해 좋은 일자리를 창출한다는 좁은 의미의 창조경제! 듣기에 좋은 참으로 달콤한 말이다. 그러나 ICT를 각 산업에 접목하는 것을 목표로 하면 오히려 더 심각한 문제점이 발생하게 된다. 그 이유는 두 가지다.

첫째, ICT를 각 산업에 접목하는 것을 목표로 하면 ICT 분야의 일자리는 증가하겠지만, 사회 전체적인 일자리는 감소할 수밖에 없기 때문이다. 일자리 창출이 창조경제의 궁극적 목표인데, 정작 그 방법은 일자리를 감소시키는 방향으로 설정해 버렸다.

둘째, ICT를 각 산업에 접목하는 것은 각 산업의 기술 수단을 향상시키는 것이지, 각 산업이 지향해야 할 정책적인 내용의 향상은 아니기 때문이다. 예를 들어, 올림픽 경기에서는 이미 ICT를 접목하고 있다. 그 덕택에 육상과 수영은 1/100초 단위까지 정확하게 측정하여 순위를 매길 수 있게 되었다. 배구, 펜싱, 배드민턴, 태권도 등의 경기에서는 챌린지를 신청하여 사람의 눈으로 확인할 수 없는 부분을 컴퓨터로 확인할 수 있다. 이러한 것들은 경기 진행 과정에서 필요한 기술 수단이지, 경기의 핵심은 아니다. 경기의 핵심은 경기 내용을 어떻게 발전시키느냐 하는 것이다.

왜 이런 잘못을 저질렀을까? ICT가 모든 것을 해결해 줄 것이라고 믿어버리는 맹신이 아니고서는 어떻게 이런 잘못을 저지를 수 있단 말인가?

여기서 잠시 오스트리아의 신학자이며 철학자인 이반 일리히가 쓴 책 '성장을 멈춰라'에 나오는 내용을 살펴보자. 이 책에서 이반 일리히는 우리 인간을 편리하게 해 주는 도구(tools) 발전의 역사를 설명한다.

"우리 인간을 편리하게 해 주는 도구 발전의 역사는 크게 두 개의 분수령이 있다. 도구가 인류 복지에 기여할 수 있게 된 시점이 첫 번째 분수령이다. 한편, 도구가 과잉 발전하여 오히려 인간이 도구에 지배당하면서, 삶의 목표를 도구가 설정하는 대로 따라가야 하는 시대로 진입하는 시점이 두 번째 분수령이다.”

일리히는 두 시점을 비교하면서 과잉 발전한 도구가 인간을 어떻게 지배하는지, 인간다운 삶의 목표를 어떻게 망가뜨리는지 분석했다. 특히, 두 번째 분수령 이후 지나치게 효율성만을 강조한 도구들이 등장하여 사람의 근무 환경을 파괴하고 인간 삶의 균형을 깨뜨린다는 사실을 강조했다. 이반 일리히는 우리가 처한 지금의 현실을 이미 예측했던 것 같다. 우리를 향해 외치는 이반 일리히의 목소리가 귀에 들리는 것 같지 않은가?

“지금 인류는 도구 발전의 두 번째 분수령을 지나고 있다. IT, ICT를 전면에 내세우면서 효율성만을 지나치게 강조하고 있다. IT, ICT를 외칠수록 사람은 도구에 의해 지배당하는 도구의 노예가 될 것이다. 근무 환경은 파괴될 것이며, 삶의 균형은 깨질 것이다.”

로봇이라는 도구가 사람을 대신하여 집 안 청소를 하는 것은 한참 지난 옛날이야기가 되어버렸다. 이제 인공지능을 가진 도구가 등장하여 사람의 두뇌를 대신하는 시대가 되지 않았는가? 알파고는 그 대표적인 예다. 사람이 할 일과 사람이 있어야 할 자리를 모두 도구에 빼앗기고도 정부와 언론은 마치 큰 경사라도 난 것처럼 열광하고 있다. 이러한 상황을 어떻게 설명해야 할까?

정보기술(IT)계와 바둑계가 한국형 알파고 ‘한돌’을 개발했다. 바둑 발전을 위해서 한국형 알파고를 개발하는 것은 좋다. 흥미를 위해서 도구(바둑 프로그램)와 사람이 대결하는 것도 반대하지 않는다. 여기서 성급하게 이렇게 질문할 수 있을 것이다.

"그렇다면 무엇이 문제인가?"

내 대답을 듣고 신중하게 생각해 보기 바란다.

"사람들이 모두 여기에 너무 깊이 빠져 있다는 것이 문제다. 마치 인류사에 큰 경사가 난 것처럼 흥분하고 있다는 것이 큰 문제다."

여기까지만 해도 참을 수 있다.

"알파고가 우리에게 일자리를 제공해줄 것이라고 오해하고 있다는 것이 더 큰 문제다. 알파고가 우리의 일자리를 빼앗아가고, 우리가 있어야 할 자리마저 빼앗아갈 것이라고 하는 불행한 사실을 전혀 깨닫지 못하고 있다는 것이 훨씬 더 큰 문제다."

지금 우리가 IT에 몰입해 있는 정도의 상황이면 우리는 온전히 도구의 노예가 되어버린 상태다. 우리가 인간성을 상실하면서 도구에 의존하는 또 하나의 도구로 전락하고 말았다는 말이다. 우리를 향해 외치는 이반 일리히의 목소리가 또다시 들리는 것 같다.

"IT는 이제 막다른 골목에 도달했다. 여기서 더 나아가면 인간이 서야 할 자리는 존재하지 않는다. 인간의 본래 위치를 되찾아라. 잃어버린 인간성을 회복하라"

일자리를 창출할 수 있고, 인간성을 회복할 수 있는 분야로 우리의 관심을 돌려야 한다. 그 구세주가 어떤 분야일까? 이 질문에 나는 주저하지 않고 이렇게 대답하고 싶다.

"우리가 지금까지 등한시하고 내버려 두었던 농업이다."

성급한 마음에 이렇게 질문할지도 모른다.

"가능한 말을 해야 할 것 아닌가? 농업을 어떻게 신산업으로 만들 수 있단 말인가?"

그 질문에 대한 훌륭한 답이 있다.

"생명환경농업을 전국으로 확산시키면서, 이를 체계화하면 농업은 우리 시대의 신산업이 될 수 있다."

앞에서 설명한 내용을 정리하여 다시 한번 강조한다.

"ICT를 농업에 접목하는 것은 기술 수단의 발전이지만, 생명환경농업을 농업에 접목하는 것은 정책적인 내용의 발전이다. 따라서 생명환경농업을 추진하는 것이 진정한 창조농업이다."

이러한 나의 주장을 박근혜 대통령에게 전달하기 위해 많은 정부 인사와 정치인을 만났으며, 자세한 내용을 설명한 자료와 직접 쓴 편지를 박 대통령에게 보내기도 했다. 그러나 이러한 나의 노력은 모두 메아리 없는 외침이 되고 말았다. 그 이유는 박 대통령이 국민과 진정으로 소통하는 대통령이 아니라, '청와대 안의 대통령'이었기 때문이다.

만일 박 대통령이 '청와대 안의 대통령'이 아닌, 국민과 소통하는 대통령이었다면, 그래서 나의 주장을 들을 수 있었다면 어떻게 되었을까? 그 답을 나는 이렇게 말하고 싶다.

"생명환경농업은 창조농업으로서 창조경제의 중심이 되었을 것이다. 그리하여 LT 산업으로 가는 웅장한 길을 열어주었을 것이며, 새로운 일자리를 창출하는 '산업의 구조 개혁'을 선도해 나갔을 것이다. 박 대통령은 국정농단이라는 무서운 함정에 빠지지도 않았을 것이다."

03

변죽만 울린 문재인 대통령의 소통

진정한 소통이 아닌 쇼통이었다

박근혜 대통령을 생각할 때 우리 국민의 머릿속에 가장 먼저 떠오르는 것은 소통(疏通)의 부재 즉 불통(不通)이다. 대통령을 하루에도 여러 차례 만나야 할 비서실장이 1주일에 겨우 1~2회 정도 그 얼굴을 대할 수 있을 정도였다고 하니, 더 무슨 설명이 필요하겠는가? 바깥세상과 단절된 구중궁궐에 살고 있는 사람, 아니 우리와는 다른 세상에 살고 있는 사람, 그것이 우리 국민의 머릿속에 박힌 박 대통령의 이미지였다.

박근혜 대통령의 불통을 지켜보았던 문재인 대통령은 국민과의 소통을 중요하게 생각하는 것 같았다. 취임 후 곧바로 인천공항을 방문하여 비정규 직원들의 애로사항을 들어주는가 하면, 일반 국민과 편안하게 만나고, 웃으면서 함께 사진을 찍고, 어린이 앞에 쭈그린 자세로 서명을 해 주는 등의 문 대통령 행보는 그동안 박 대통령의 불통에 답답해했던 우리 국민에게 시원한 사이다를 선물하는 것 같았다. 그리하여 문 대통령의 지지도는 취임 초 80%에 육박하면서 김영삼 대통령 다음으로 최고를 기록했다.

그러나 가만히 생각해 보면 문 대통령은 국민과 진정성 있는 소통을 하지 않았다는 사실을 알 수 있다. 예를 들어, 문 대통령이 외국을 방문할 때 인기 연예인을 대동한 적이 있었다. 예전에 어떤 대통령도 하지 않았던 새로운 시도였으니 주목을 받을 수밖에 없었다. 그러나 그것은 진정한 소통이 아니라 당시 야당에서 주장했던 쇼(show)통이었다. 말하자면 언론의 주목을 받고 국민의 관심을 끌기 위한 기획과 연출이었다. 문 대통령의 외국 순방은 인기 연예인과 아무 관련이 없었지만, 박근혜 대통령의 불통 행보에 지친 국민에게 아주 새로워 보일 수 있었기 때문에 만든 각본이었다는 말이다. 마찬가지로, 앞서 언급한 문 대통령의 여러 행보도 진정성 있는 소통이 아니라, 주목을 받고 인기를 얻기 위한 쇼통이었다는 뜻이다.

2019년 11월, 문 대통령은 국민 패널로 선발된 300명의 시민과 '국민과의 대화'라는 제목으로 패널이 질문하고 대통령이 대답하는 시간을 가졌다. 대부분의 방송에서 대화의 전 과정을 생중계할 정도로 많은 국민의 관심을 끌었다. 대통령이 국민과 대화하는 것은 아주 권장할 만한 일이다. 문제는 300명의 국민 패널이 문 대통령을 지지하는 사람들 위주로 구성되었다는 의구심을 지울 수 없었다는 사실이다. 마치 문 대통령이 지지자들과 팬미팅을 하는 것으로 착각할 정도였다. 생방송 내내 화면의 가장 핵심 자리인 문 대통령 어깨 뒤에 노출된 사람은 문 대통령 팬카페인 '문팬'의 핵심 멤버 K 씨로 밝혀졌으며, 질문자 17명 중 4명이 문 대통령과 구면이라는 사실도 확인되었다. 상황이 이러하니 대통령에게 우리 국민이 정말 묻고 싶은 질문을 하는 사람도 없었으며, 대통령 귀에 거슬리는 고언을 하는 사람 역시 없었다. 모처럼 만들어진 대통령의 '국민과의 대화'가 진정한 소통이 아니라 보이기 위한 쇼통이라고 하는 비아냥이 더 많이 들렸으니 안타까울 뿐이다.

진정한 소통은 국민과 나라를 생각하지만, 쇼통은 정부 업적과 다음 선거를 생각한다. 쇼통의 이러한 특징은 2020년 2월 20일 문 대통령과 중국 시진핑 주석의 통화에서 적나라하게 드러났다. 두 사람의 통화는 코로나 바이러스의 국내 확진자가 급격하게 증가하여 100명을 돌파하면서 첫 사망자가 나왔던 아주 위중한 때였다. 중국인 입국 금지를 요청하는 청와대 국민 청원이 무려 73만여 명에 달한 때이기도 했다. 골든타임을 놓쳐서는 안 된다며 대한의사협회에서 중국발 입국 금지를 강력하게 요구하던 때이기도 했다.

코로나가 우리 국민의 생명을 위협하고 있던 이 엄중한 시기에 문 대통령은 시진핑 주석을 향해 '중국의 어려움이 우리의 어려움'이라는 위로의 말을 했다. 마치 우리나라에서는 코로나가 전혀 심각하지 않은 것처럼 말이다. 그런데 더 놀랄 일은 이 심각한 시기에 시진핑 주석의 방한 문제가 논의되었다고 하는 사실이다. 그동안 문 대통령이 중국발 입국 금지 요청을 계속 외면했던 이유를 알 수 있는 대목 아닌가? 대한민국 대통령이 우리 국민의 안전과 생명보다 시진핑의 방한을 더 중요하게 생각했다고 하니 그저 어안이 벙벙할 뿐이다.

문 대통령의 인사를 두고 인사 참사라는 표현을 많이 사용했다. 다른 대통령의 경우에도 인사 실패는 있었다. 그러나 문 대통령처럼 참사 수준은 아니었다. 다른 대통령과 달리, 문 대통령은 왜 이런 인사 참사를 저질렀을까? 인재를 자신의 주변에서만 구했기 때문이며, 자신의 선거 캠프에서만 구했기 때문이다.

입현무방(立賢無方)이라는 말이 있다. 현명한 사람을 세울 때는 같은 무리인지 아닌지를 따지지 말아야 한다는 뜻이다. 친구불피(親仇不避)라는 말도 있다. 국민에게 존경받는 현인이라면 친구든 원수지간이든 관계치 아니하고 인재를 등용해야 한다는 뜻이다. 그러나 문재인 대통령에게는 훌륭한 인재를 구하고자 하는 생각이 전혀 없었으며, 자기 사람과 자기 선거 캠프만 있을 뿐이었다. 어떤 인물이 그 분야에서 일을 더 잘할 것인가 하는 문제는 중요하지 않았으며, 누가 자기를 위해 그리고 자기의 대통령 당선을 위해 열심히 했느냐가 중요했다. 이를 다른 말로 표현하면 문 대통령은 인사에 있어서 소통을 하지 않고 쇼통을 했다는 뜻이다.

문 대통령이 임명한 J 장관의 경우, 과거 그가 했던 수많은 말과 글이 모두 거짓과 위선으로 드러났고, 그의 가족 또한 파렴치한 문서위조, 불법 재테크, 증거인멸 등 수 많은 의혹과 논란에 휩싸여 온 국민을 분노에 들끓게 했다. 일반적인 상식으로 이해할 수 없는 그런 경우에도 문 대통령은 물러서지 않고 완강하게 밀어붙였다. 야당이 부적절한 인물이라고 아무리 반대를 해도, 많은 국민이 법을 관리하는 주무장관에 범법자를 임명해서는 안된다고 아무리 목소리를 높여도, 그러한 목소리를 들으려 하지 않았다.

바로 여기서 진중권 전 동양대 교수 이야기를 하지 않을 수 없다. 진 교수는 자타가 인정하는 대표적인 진보 학자다. 문 대통령이 임명을 강행한 J 장관의 대학 동기이며, 절친이기도 하다. 박근혜 대통령의 탄핵을 위한 여론 조성에 앞장섰으며, 문 대통령의 든든한 지지자로서 활동해 온 사람이라는 사실도 널리 알려져 있다. 그런 그가 친구인 J 장관의 부적절한 처신을 언급하면서 안타까운 심정을 이렇게 토로했다.

"지금 우리나라에서 기회가 평등해졌습니까? 아니잖아요? 과정이 공정해졌습니까? 아니잖습니까? 당연히 결과도 정의로울 수 없지 않습니까?"

문 대통령이 자신 있게 외쳤던 '기회는 평등할 것입니다. 과정은 공정할 것입니다. 결과는 정의로울 것입니다.'라는 약속이 실천되지 못하고 있음을 직접 표현한 말이다. 문 대통령의 가슴을 후벼팔 수 있는 이 뼈아픈 말에도, 이 진심 어린 충언에도, 문 대통령은 단단히 귀를 막고 있었다.

소통은 진실과 거짓을 구별하려고 노력한다. 그러나 쇼통은 내 편과 네 편을 구별하려고 한다. 따라서 쇼통에서는 내 편의 행위는 아무리 나빠도 정당한 것이라 우기고, 네 편의 행위는 아무리 정당해도 잘못된 것이라고 몰아세운다. 쇼통의 이런 모습은 문 대통령의 2020년도 신년 기자회견에서 극명하게 드러났다. 많은 의혹에 휩싸여 결국 자리에서 물러나고 검찰에 의해 기소까지 된 J 전 장관과 관련한 문 대통령의 발언을 참담한 마음으로 옮겨본다.

"J 전 장관이 지금까지 겪었던 고초만으로도 그에게 큰 마음의 빚을 졌습니다."

이게 한 나라의 대통령으로서 할 수 있는 말인가? J 전 장관은 범죄 행위를 저지른 혐의를 받고 있기 때문에 당연히 그런 고초를 겪고 있었다. 그런데 전 국민을 대상으로 하는 공개적인 자리에서 어떻게 대한민국 대통령이 그런 말을 할 수 있단 말인가? 만일 문 대통령이 쇼통이 아닌, 진정한 소통을 했다면 이렇게 말했어야 했다.

"국민 여러분, 정말 죄송합니다. J 전 장관 문제로 인해 국민 여러분께 말할 수 없이 큰 마음의 빚을 졌습니다. 제 측근의 불법적이고 부도덕한 행위로 인해서 국민 여러분께 실망을 안겨 드렸을 뿐만 아니라 국민 여론마저 크게 분열시킨 점에 대하여 진심으로 사죄드립니다."

AI와 살충제 달걀 문제를 해결하지 못한 문재인 대통령의 소통

미국 사람들이 자주 사용하는 말 하나를 소개한다.

"hit around the bush"

직역을 하면 숲 중앙은 그대로 둔 채 숲 주변의 덤불만 두드린다는 뜻이다(그림 7). 의역을 하면 문제의 핵심과 본질은 말하지 않고 변죽만 울린다는 뜻이다. 그래서 변죽만 울리지 말고 문제의 핵심과 본질을 말하라는 뜻으로 이 말을 사용한다.

그림 7 사냥을 위해서는 숲의 중앙을 공략해야 한다

2016년 말 발생한 AI 사태 때 수천만 마리의 살아 있는 닭을 생매장했던 사건을 우리는 생생하게 기억하고 있다. 얼마나 처참한 동물 학대이며, 또 얼마나 심각한 환경 오염인가?

AI 사태가 마무리될 즈음 문재인 대통령은 AI에 대한 근본적인 대책을 세우라고 해당 부처에 지시했다. 대통령으로서 내린 훌륭한 지시였다. 문제는 해당 부처에서 AI에 대한 근본적인 대책을 세울 수 없었으며, 따라서 문 대통령은 해당 부처로부터 그 대책을 보고받을 수 없었다는 사실이다. 만일 AI에 대한 근본적인 대책이 문 대통령에게 보고되었다면, 바로 몇 개월 후 우리가 겪었던 살충제 파동을 미리 예측하고 대비했어야 했다. 그 이유는 AI의 발생과 살충제 달걀의 발생은 그 원인이 똑같이 오늘날의 공장형 축사에 있기 때문이다(그림 8).

당시의 살충제 달걀 파동을 돌이켜 보자. 살충제 달걀이 생산된 49개 농장 중 31개 농장이 친환경 농장인 것으로 밝혀졌다. 정말 어처구니없는 일 아닌가? 친환경 농장에서 살충제 달걀이 더 많이 생산되었으니 말이다. 바로 이 부분에서 나는 진실을 폭로하는 마음으로 용기를 내어 말한다.

"공장형 축사에서 생산되는 달걀은 모두 살충제 달걀이다."

정부가 발표한 49개 농장에서만 살충제 달걀을 생산하는 것이

그림 8 공장형 축사에서 닭의 생활 모습

아니라 모든 공장형 축사에서 살충제 달걀이 생산된다는 것이 나의 주장이다. 단지 검사 과정에서 살충제의 함량이 '안전 기준치' 이하로 검출되는 행운을 얻었을 뿐이다. 내가 이렇게 주장하는 이유는 안전 기준치라고 하는 숫자는 사실상 큰 의미가 없으며, 살충제 회사의 이익을 위해 만들어진 도구에 불과하다는 사실을 확신하기 때문이다(안전 기준치의 허구에 관해서는 다음 장에서 자세히 설명한다). 우리는 지금 살충제 달걀을 아무 생각 없이 먹고 있으며, 안전 기준치라고 하는 잘못된 시스템에 속아서 우리 자신을 안심시키고 있을 뿐이라는 것이 나의 주장이다.

살충제 달걀 문제가 발생하자 문 대통령은 '축산안전 관리시스템'을 되짚어봐야 한다고 말했다. 한 마디로 문 대통령은 살충제 달걀 문제와 관련하여 핵심과 본질은 말하지 않고 변죽만 울리고 말았다. 위에서 말한 'hit around the bush'를 했다는 말이다. 문 대통령의 말처럼 축산안전 관리시스템을 아무리 되짚어봐도 살충제 달걀 문제를 근본적으로 해결할 방법은 그 어디에도 없기 때문이다.

결국, 살충제 달걀에 관한 문 대통령의 지시는 근본적인 해결책이 될 수 없었으며, 국민에게 보이기 위한 하나의 메시지에 불과했다. 다시 말해서 살충제 달걀 문제를 해결하기 위한 소통이 아니었으며, 변죽만 울린 소통 즉 쇼통에 불과했다. 살충제 달걀은 오늘날의 공장형 축사가 만들어 낸 예고된 비극이며, 그 공장형 축사가 사라지지 않는 한 이 비극은 앞으로 계속 발생할 수밖에 없기 때문이다.

이낙연 국무총리는 먹는 음식으로 장난을 치는 것은 절대 용서하지 않는다고 말했다. 이 말 또한 살충제 달걀이 발생하는 근본적인 이유를 모르고 하는 말이다. 살충제 달걀 생산 과정에서 아무도 장난을 치지 않았다. 지금의 공장형 축사에서는 닭에 발생하는 이, 벼룩, 진드기 등을 없애기 위해 살충제를 사용하지 않을 수 없었으며, 따라서 살충제 달걀이 발생하지 않을 방법 또한 없었을 뿐이다.

대한의사협회와 한국독성협회에서는 살충제 달걀의 독성이 국민 건강에 크게 문제 되지 않는다고 발표했다. 이 발표를 들으면서 '침묵의 봄'이라는 책에서 레이철 카슨이 한 말이 떠올랐다.

"살충제 회사와 유착 관계에 있을 수 있는 이들의 말을 어떻게 신뢰할 수 있겠는가?"

이와 관련하여 생태학자들의 많은 연구 발표가 있었다. 살충제의 독성은 아무리 적은 양이라도 우리 몸의 세포를 점점 훼손시키면서 암을 비롯한 여러 질병의 원인이 된다는 내용이 주류를 이루었다. 정부에서 정한 '안전 기준치' 이상의 양을 가끔 먹는 것보다 안전 기준치 이하의 양을 지속해서 먹는 것이 오히려 더 위험하다는 발표도 있었다.

그렇다면 우리의 건강을 지키기 위해서 우리가 할 수 있는 방법은 무엇인가? 우리가 아무 걱정 없이 축산 식품을 먹을 수 있는 방법은 무엇인가? 이 질문에 대한 답을 큰 용기를 내어 말한다.

"미생물을 활용하는 생명환경축산을 통해 우리 축산의 혁명을 일으키면 된다."

생명환경축산에서는 축사를 밀폐형 대신 개방형으로, 축사 바닥을 시멘트 대신 미생물로, 단위 면적당 가축 숫자를 절반 이하로 감소시켰다. 그 결과 축사에서 악취가 나지 않으며, 축분 처리 시설도 불필요하다는 사실을 내 눈으로 직접 확인했다. 환경이 위생적이고 가축이 건강하기 때문에 구제역, AI와 같은 질병이 발생하지 않으며, 살충제 달걀 역시 생산되지 않는다.

2016년 말 AI가 발생한 이후부터 나는 여러 언론을 통해서, 그리고 많은 정부 인사와 정치인을 만나, 생명환경축산이 AI 문제를 근본적으로 해결할 수 있는 가장 효과적인 방법이라는 사실을 주장했다. 그러나 문 대통령은 그러한 나의 주장에 귀를 기울이지 않았다. AI 발생에 대한 근본적인 대책을 세우라고 해당 부처에 말로는 지시를 했지만, 정작 근본적인 대책에는 관심을 가지지 않았다는 뜻이다.

나는 용기를 내어 AI의 발생 원인과 근본적인 해결책을 설명한 자료를 청와대 문 대통령 앞으로 보냈다. 그리고 그 자료를 반드시 읽어보도록 당부하는 손편지를 직접 쓰는 수고도 아끼지 않았다. 그러나 문 대통령은 나의 손편지에 대해서 아무런 답도 하지 않았다. 바로 그즈음 문 대통령 앞으로 오는 편지를 대통령 부인 김정숙 여사가 직접 읽고 답한다는 내용이 언론에 크게 보도되었다. 그리고 하나의 예로서 전북 군산의 부설초등학교 학생 400여 명이 대통령 내외에게 보낸 손편지에 김 여사가 크게 감동하여 직접 그 학교를 찾아가 학생들과 함께 노래를 부르는 장면이 소개되었다.

나의 손편지는 심각한 사회적인 문제를 해결하기 위한 것이었다. 바로 소통을 위한 것이었다. 초등학생들의 손편지는 사회적인 문제 해결을 위한 것이 아니며, 대통령 부부를 즐겁게 하기 위한 것이었다. 나의 손편지에 응답하지 않는 것은 소통을 거부한 것이었고, 초등학생들의 손편지에 응답한 것은 쇼통을 좋아한 것이었다. 문 대통령은 진정한 소통을 하지 않았기 때문에 AI와 살충제 달걀 문제를 해결할 수 없었다.

쇼통 아닌 소통을 했다고 하면

"자녀에게 가장 큰 선물은 동생입니다."

2000년대 초 우리나라에 등장했던 출산 장려 표어다(그림 9). 인구 감소가 심각한 사회 문제로 부상하면서 출산 장려 운동이 범국민운동으로 펼쳐졌고, 이런 출산 장려 표어도 등장하게 되었다.

이런 표어를 내세우면서 출산 장려 운동이 범국민운동으로 펼쳐졌음에도 불구하고 왜 우리나라는 지금 세계에서 가장 낮은 출산율을 기록하고 있으며, 출산율이 계속 감소하고 있을까? 왜 출산 장려를 위한 전반적인 시스템도 갖추지 못했을까?

그 이유를 알기 위해서는 1963년부터 시작된 산아 제한 운동을 되돌아볼 필요가 있다. 먼저 그때 한반도에 울려 퍼졌던 구호부터 살펴보자(그림 10).

"하나씩만 낳아도 삼천리는 초만원"

그림 9 출산을 장려하는 표어

그림 10 산아 제한에 관한 구호

당시 전문가들은 100년 후인 2063년이 되면 우리나라 인구가 6억 명이 될 것이라면서 산아 제한의 필요성을 강력하게 주장했다. 반대 목소리를 내는 사람은 아무도 없었다. 공무원들은 각 가정을 방문하여 산아 제한의 필요성과 구체적인 방법에 관해서 설명했다. 정부에서는 정관수술, 난관수술 등 불임수술 시행 숫자를 각 시도별로 작성하여 비교하면서 산아 제한을 독려했다. 정관수술을 하면 예비군 훈련을 면제해 줄 정도로 산아 제한에 관한 정부의 의지가 강했다. 이런 사회 분위기가 오랫동안 계속되다 보니 자녀를 많이 낳으면 마치 미개인이 되고 국가 정책에 역행하는 것처럼 여겨졌다.

그런데 산아 제한 운동을 시작한 후 40년의 세월이 흘러 2000년도에 접어들자 전혀 예상하지 못한 문제가 발생했다. 즉 인구 증가가 아닌, 인구 감소가 심각한 사회 문제로 급부상하고 말았다. 그 결과 국가 정책이 산아 제한 운동에서 갑자기 출산 장려 운동으로 바뀌는, 우리 역사상 가장 아이러니한 일이 벌어졌다. 그러나 앞서 언급한 바와 같이, 이 출산 장려 운동은 실패하고 말았다. 왜 실패했는지 내가 생각하는 이유를 말한다.

"타이밍을 놓쳐버렸기 때문이다."

타이밍의 상실! 출산 장려 운동이 실패한 이유이며, 출산 장려를 위한 시스템을 갖추지 못한 이유다. 세계에서 가장 낮은 출산율을 기록하고 있는 이유이며, 출산율이 계속 감소하고 있는 이유다.

그런데 산아 제한 운동이 한창일 때 어떤 사람이 이런 주장을 했다고 가정해 보자.

"산아 제한 운동을 당장 중단하고 출산 장려 운동을 펼쳐야 합니다. 출산 장려를 위한 사회적인 시스템도 구축해야 합니다."

당시 이 사람의 주장을 어떻게 받아들였을까? 아마 그 사람을 정신 나간 사람으로 생각했을 것이다. 언론에서도 그 사람의 주장을 전혀 취급하지 않았을 것이다. 절규에 찬 그 사람의 목소리는 아무 흔적도 없이 허공에 묻히고 말았을 것이다. 그런데 만일 당시 정부와 언론에서 그 사람의 주장에 귀를 기울였다고 가정해 보자. 어떤 결과가 되었을까?

"2000년도에 시작된 출산 장려 운동은 40년 정도 일찍 시작되었을 것이며, 성공을 거두었을 것이다. 출산 장려를 위한 사회 전반적인 시스템 구축도 아주 효과적이었을 것이다. 따라서 지금처럼 출산율 세계 최저가 되지 않았을 것이며, 출산율이 계속 감소하지도 않았을 것이다."

그 이유는 산아 제한이 필요하지 않다는 사실을, 오히려 출산 장려가 필요하다는 사실을, 국민들에게 이해시킬 수 있는, 그리고 출산 장려를 위한 전반적인 시스템을 만들 수 있는, 타이밍이 맞았기 때문이다.

나는 산아 제한 운동이 한창일 때 출산 장려 운동을 주장하는 사람의 심정으로 온 힘을 다하여 말한다.

"5차 산업혁명을 추진해야 한다. 그리하여 4차 산업혁명이 야기하는 문제점을 해결해야 한다."

그런데 지금 우리의 상황은 어떠한가? 4차 산업혁명의 장점을 말하는 소리만 들리고, 문제점을 말하는 소리는 전혀 들리지 않는다. 사실, 4차 산업혁명은 3차 산업혁명의 새로운 버전이라고 할 수 있다. 컴퓨터에 의한 자동화에서 소프트파워에 의한 지능화로 진화된 것이기 때문이다.

4차 산업혁명은 이미 우리 곁에 와 있기 때문에 굳이 강조할 필요가 없다. 로봇이 등장하여 사람이 해야 할 일을 하고 있으며, 드론이 공중촬영을 비롯한 여러 용도에 사용되고 있지 않은가? 자율주행차도 곧 등장한다고 한다(그림 11). 유전자를 이용하여 영화 '터미네이터'의 주인공도, 물리학자 아인슈타인도, 화가 반 고흐도, 천재 음악가 모차르트도, 세계적인 축구 선수 메시도 만들어낼 수 있다고 주장한다. 학문, 예술, 스포츠 등 모든 분야에서 최고의 능력을 갖춘 소위 슈퍼 베이비(super baby)도 만들어질 수 있다고 말한다.

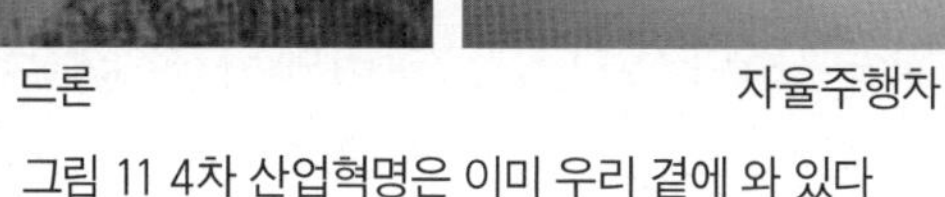

드론　　　　자율주행차

그림 11 4차 산업혁명은 이미 우리 곁에 와 있다

이런 전문가들의 모습을 바라보는 나의 솔직한 심정을 고백한다.

"1960년대에 산아 제한 운동을 큰 목소리로 강조하던 당시의 전문가들을 바라보는 느낌이다."

지금 당장 우리가 해야 할 일은 4차 산업혁명을 강조하는 것이 아니라, 그 문제점을 해결할 수 있는 방법을 찾는 것이다. 그래서 아무도 말하지 않는 내용을 진지한 마음으로 제안한다.

"생명산업부를 만들어야 한다(제4장 참조). 1994년 김영삼 대통령이 정보통신부를 만들어 우리나라가 세계 제일의 IT 강국이 될 수 있는 기반을 만들었듯이, 지금 생명산업부를 만들어 우리나라가 세계 제일의 LT 강국이 될 수 있는 기반을 만들어야 한다."

생명산업부를 통해서 일자리를 만들고, 사회 양극화를 해소하고, 우리의 인간성도 회복하자는 것이 나의 주장이다.

4차 산업혁명의 유전자에 의해서 온 세상이 터미네이터의 주인공, 아인슈타인, 반 고흐, 모차르트, 메시 같은 사람으로 넘친다고 상상해 보라. 만능을 가진 슈퍼 베이비가 마구 만들어진다고 생각해 보라. 과연 우리는 행복할 것이며, 우리 사회는 올바로 나아갈 것인가? 우리는 한없이 불행할 것이며, 이 세상은 한 마디로 끔찍한 지옥이 되고 말 것이다.

생명산업부가 중심이 되어 추진할 5차 산업혁명은 4차 산업혁명과는 차원이 다르다. 5차 산업혁명에서는 '인간의 행복'과 '사회 윤리'를 강조할 것이다. 유전자 연구도 인간을 행복하게 하고 사회 윤리를 향상시키는 방향으로만 사용할 것이다. 예를 들어, 유전자를 이용하여 해충의 천적을 만들거나 해충의 번식력을 퇴화시킴으로써 화학 살충제가 불필요한 세상을 만들 것이다. 따라서 농약이 포함된 농산물은 사라지게 될 것이며, 모든 농산물은 친환경농산물이 될 수 있을 것이다. 우리 사회를 떠들썩하게 만들었던 살충제 달걀도 더는 존재하지 않을 것이다. AI와 구제역도 이 지구상에서 사라질 수 있을 것이다. 어디 그뿐인가? 지금 전 세계를 완전히 공포에 몰아넣고 있는 코로나 바이러스 같은 무서운 전염병도 미리 예방할 수 있는 백신이 개발될 수 있을 것이다. 생각만 해도 신나고 즐겁지 않은가? 이런 사회가 바로 우리가 바라는 유토피아의 세상 아닌가?

김영삼 대통령이 정보통신부를 만들 당시에는 IT의 흐름이 마치 흐르는 강물처럼 눈에 보였다. 그래서 정보통신부를 만들어야겠다는 결단을 내리기가 어렵지 않았다. 그러나 지금은 상황이 다르다. LT의 흐름이 얼른 눈에 보이지 않는다. 또한, 4차 산업혁명을 주장하는 목소리가 워낙 커서 LT를 말하는 소리는 그 속에 파묻혀버리고 만다. 그래서 생명산업부를 만들어야겠다는 결단을 내리기가 쉽지 않다.

박근혜 대통령의 불통을 똑똑히 지켜보았던 문 대통령이었지만, 대통령이 된 후 박 대통령과 똑같은 모습으로 '청와대 안의 대통령'이 되어버렸기 때문에, 그래서 진정한 소통을 하지 않았기 때문에, 내가 외치는 소리를 들을 수 없었다. 그런데 이런 가정을 해 보자.

"만일 문 대통령이 쇼통 아닌 소통을 했다고 하면 어떻게 되었을까?"

나의 외침에 귀를 기울일 수 있었을 것이며, 농업과 미생물의 중요성을 이해할 수 있었을 것이다. 따라서 LT 산업의 역할을 이해하고, 생명산업부를 창설하고자 하는 결심도 할 수 있었을 것이다.

LT 산업은 IT로 인해서 사라진 사람의 일자리를 다시 만들어낼 수 있는 유일한 산업이며, 소수가 많은 부(富)를 독점하는 대신 다수가 부를 함께 나누어 가질 수 있는 '참 착한 산업'이다. 따라서 문 대통령의 소득주도성장은 실패하지 않고 성공할 수 있었을 것이다. 문 대통령은 우리나라가 세계 제일의 LT 강국이 될 수 있는 기반을 마련한, 역사에 남는 훌륭한 대통령이 될 수 있었을 것이다.

Chapter 2

자신을 사랑하고 자신의 목소리를 내라

01
자신을 사랑하고 자신의 목소리를 내라

자신을 사랑하고 자신의 목소리를 내라

2019년 12월 31일 밤, 2020년 새해를 맞이하는 미국의 중심 도시 뉴욕, 그 뉴욕의 중심지 맨해튼이 케이팝 그룹 방탄소년단(BTS)의 팬들인 ARMY의 함성으로 가득 찼다. BTS의 칼군무 퍼포먼스에 타임스스퀘어(Times Square)는 열광적인 환호로 뒤덮였다. 피부색과 국적, 성별, 연령대를 초월한 팬들은 노랫말을 한국어로 따라부르는 '떼창'을 했다. 미국 언론들은 BTS를 이 행사의 주인공이라면서 찬사를 아끼지 않았다. 이 광경을 TV와 인터넷을 통해 지켜본 우리 국민들은 가슴이 뭉클해지는 것을 느꼈을 것이며, 대한민국 국민이라는 사실이 한없이 자랑스러웠을 것이다.

그러나 내 마음을 진실로 사로잡은 것은 BTS의 리더 RM(김남준)이 2018년 UN에서 행한 연설이었다(그림 12). 그의 연설은 단순한 연설이 아니라, 이 시대를 살아가는 우리 모두에게 중요한 메시지를 던져준 연설이었으며, 그 메시지는 바로 내가 주장하는 생명산업을 통한 '인간성 회복'과 맥을 같이 하고 있기 때문이었다.

그림 12 UN에서 연설하는 방탄소년단(BTS) 리더 RM

먼저, 그의 연설 마지막 부분을 살펴보자.

"저는 김남준이며, 또한 방탄소년단의 RM입니다. 저는 한국의 작은 도시에서 태어난 아이돌이며 아티스트입니다. 대부분의 사람과 마찬가지로, 저는 살면서 많은 실수를 했습니다. 저는 결점이 많으며 두려움도 많지만, 제가 할 수 있는 최선을 다하여 저 자신을 서서히, 조금씩, 더 많이 받아들이고 사랑하고 포용하며 나아갈 것입니다. 여러분의 이름은 무엇입니까? 여러분의 목소리를 내세요."

RM은 자기 자신을 화려하게 포장하지 않았다. 대신 실수도 하고 결점도 많으며 두려움도 많은, 평범한 한 인간임을 고백하고 있다. 동시에 우리를 향해 정체성을 찾고 인간성을 회복하라고 말한다. 너무나 인간적이지 않은가? 가슴이 찡해오지 않는가? 자기 자신을 잃고 헤매는 우리 모두에게 의미심장한 메시지를 던지면서 연설을 마무리하고 있지 않은가?

오스트리아의 신학자이며 철학자인 이반 일리히가 '성장을 멈춰라'라는 책에서 오늘의 우리를 향해 외쳤던 말이 새삼 떠오른다.

"기계에 종속되어 기계의 노예가 되어서는 안 되며, 기계가 설정한 삶을 살아서도 안 된다. 인간이 있어야 할 자리를 되찾고 인간성을 회복하라."

IT 기계인 컴퓨터, AI, 로봇은 개성을 가지고 있지 않으며, 입력된 데이터에 의해서 작동될 뿐이다. 데이터만 정확하게 입력하면 단점도 없으며 두려움도 없다. 우리는 이들 기계가 설정해 주는 대로 매일매일 살아간다. 그런 우리를 향해 세계적인 아티스트 BTS가 이렇게 외치는 것 같지 않은가?

"여러분이 어떤 사람이건, 어떤 단점이나 두려움을 가지고 있든, 여러분 자신의 정체성을 찾아야 합니다. 여러분 자신을 사랑해야 합니다."

RM은 호수와 언덕이 있는, 그리고 해마다 꽃축제가 개최되는, 아름다운 고장에서 태어났으며, 그곳에서 행복한 어린 시절을 보냈다고 말했다. 밤하늘을 올려다보며 호기심 가득한 꿈을 꾸던 평범한 아이였다고 말했다. 호수와 동산에서 수많은 생명의 신비를 보았을 것이며, 또 체험했을 것이다. 자연과 많은 대화도 나누었을 것이다. 그런 어린 시절을 보냈기 때문에 전 세계를 감동시킬 수 있는 노래를 할 수 있었을 것이며, 인간성 회복이라는 메시지도 던질 수 있었을 것이다.

피에르 카르티에와 라셀 카르티에 부부가 쓴 '농부 철학자 피에르 라비'에서 주인공인 피에르 라비는 농약을 사용하는 화학농업의 가장 심각한 문제점은 우리 아이들마저 흙 밖에서 키워야 한다는 사실이라고 말했다. 흙이 죽어버렸기 때문에 아이들이 자연과 함께 할 수 없으며, 따라서 꿈꾸고 상상할 수 없다는 뜻이다. 내가 주장하는 생명환경농업에서는 흙이 살아 숨 쉬며, 생명의 신비가 꿈틀거린다. 밤하늘과 별을 바라볼 수 있으며, 호기심 가득한 꿈도 꿀 수 있다.

RM은 음악이 안식처였다면서 말했다.

"초기의 한 앨범 인트로에 '9살 또는 10살 때 내 심장은 멈췄다'라는 가사가 있습니다. 돌이켜보면 그때가 다른 사람들이 저를 어떻게 생각하는지 걱정하기 시작하고, 다른 사람의 시선을 통해 저를 보기 시작했던 때인 것 같습니다. 밤하늘과 별을 바라보는 것을 멈추었고, 꿈꾸는 것도 멈추었습니다. 대신 다른 사람들이 만든 틀에 저 자신을 가두려고만 애썼습니다. 곧 저는 저 자신의 목소리를 잃기 시작했고, 다른 사람의 목소리를 듣기 시작했습니다. 아무도 제 이름을 부르지 않았으며, 저 자신도 제 이름을 부르지 않았습니다. 제 심장은 멈추었으며, 제 눈은 감겼습니다. 이렇게 하여, 저는, 우리는, 모두 이름을 잃었습니다. 우리는 유령처럼 되었습니다. 그러나 저에게는 하나의 안식처가 있었습니다. 그것은 음악이었습니다."

4차 산업혁명 시대에 살면서 '스마트 시티'를 구호처럼 외치는 우리 모두에게 던지는 엄중한 경고라는 생각이 들지 않은가? 정체성을 잃어가면서 IT가 만든 틀에 자신을 얽매어가고 있는 우리에게 안식처를 찾아야 한다고 말하는 것 같지 않은가?

RM에게는 음악이 안식처였다. 그렇다면, 우리는 어디에서 안식처를 찾을 수 있을까? 그 안식처를 겸손한 마음으로 소개한다.

"우리의 안식처는 생명환경농업을 중심으로 하는 생명산업(LT)에서 찾을 수 있다."

생명산업은 컴퓨터, AI, 로봇에 빼앗긴 우리의 일자리를 되찾고, IT가 빼앗아간 우리의 인간성을 다시 찾을 수 있는 유일한 산업이기 때문에 내린 결론이다.

UN 연설에서 RM이 말한 '자신을 사랑하고 자신의 목소리를 내라'라는 말의 의미는 인간성 중시와 행복 추구였을 것이다. 즉, RM은 세계인을 향해, 특히 젊은이들을 향해, 인간성을 회복하면서 진정한 행복을 추구하자는 메시지를 전하고자 했을 것이다.

2020년대는 BTS가 전 세계인들로부터 더 많이 사랑받는 10년이 되기를, 아울러 생명산업이 우리 사회의 새로운 주력산업이 되어 우리의 인간성을 회복할 수 있기를, BTS 리더 RM의 UN 연설을 보면서 간절히 소망해 보았다.

우리의 건강과 생명을 보호하기 위하여

"쇠고기, 돼지고기, 달걀, 닭가슴살 등 단백질을 충분히 섭취해 주시기 바랍니다. 두부와 같은 식물성 단백질도 함께 섭취해 주십시오. 밥, 빵과 같은 탄수화물도 충분히 드셔야 합니다. 물론 채소도 골고루 드시는 것이 좋습니다. 기름기 있는 음식은 피하셔야 합니다. 항암 치료 과정을 이겨내기 위해서는 음식을 충분히 드시는 것이 대단히 중요합니다. 모든 음식은 반드시 익혀 드셔야 하며, 특히 생선회와 같은 날것은 절대 드셔서는 안 됩니다."

수술을 하기 전 병원의 영양사가 암 환자와 그 가족에게 일러주는 음식 섭취에 관한 지침 내용의 일부다. 평소에도 여러 가지 음식을 먹어 영양분을 골고루 섭취해야 한다는 사실을 우리는 잘 알고 있다. 그러나 병원의 영양사가 일러주는 음식 섭취에 관한 지침은 아주 구체적이다. 우리는 생선회와 같은 날것을 아무 두려움 없이 먹지만, 항암 치료 중인 환자는 먹지 못하도록 한다. 우리는 익히지 않는 음식도 아무 생각 없이 먹지만, 암 환자는 익힌 음식을 먹도록 강하게 권유한다. 수술 후 병원에서 암 환자에게 제공되는 음식은 아주 세심하게 특별히 요리된 무균식사다.

암 환자의 치료 과정을 지켜보면 우리가 먹는 음식이 우리 인체에 얼마나 중요한가를 새삼 깨닫게 된다. 우리가 어떤 음식을 어떻게 먹느냐에 따라 건강을 잘 유지할 수도 있으며, 반대로 건강을 크게 해칠 수도 있다. 무병장수할 수도 있으며, 일찍 세상을 떠날 수도 있다. 그러나 대부분의 사람은 건강에 미치는 음식의 영향이 대단히 중요하다는 사실을 잊은 채 살고 있다. 농약이 포함된 농산물로 만들어진 음식이 우리 몸에 얼마나 나쁜 영향을 미치는지도 전혀 깨닫지 못하고 있다.

"농약이 포함된 농산물이면 어때? 늘 그런 농산물 먹고 살았지만 이렇게 건강하잖아?"

지금 몸이 건강하다고 해서 자랑할 일이 아니다. 농약이 포함된 음식을 아무 두려움 없이 먹는 그 사람의 몸속에 농약 성분은 소리 없이 차곡차곡 쌓이다가 어느 순간 무서운 병을 안겨줄 것이다. 그 중심에 암이 자리 잡고 있다. 그때 후회한 들 무슨 소용이 있으랴? 미국 언론에 자주 등장하는 문구를 소개한다.

"You're what you eat. You're what your grandparent ate."

우리가 먹는 음식에 의해서 우리 몸이 만들어지고, 심지어 오래전 할아버지, 할머니가 먹었던 음식이 손주의 몸에까지 영향을 미친다는 말이다. 그 이유를 레이철 카슨은 이렇게 말했다.

"농약과 같은 유독물질은 모체에서 자식에게로 전해질 수 있다. 염화탄화수소 성분의 농약이 태아를 보호하는 방어벽인 태반을 자유롭게 통과할 수 있기 때문이다. 태아는 인생을 시작하는 순간부터 화학물질을 몸속에 축적할 수 있다는 뜻이다."

우리나라에서 농약으로 인한 사망자는 상상을 초월할 정도로 많다(p.97 참조). 그럼에도 불구하고 아무도 관심을 가지지 않으니 참으로 이해할 수 없는 일이다. 농민들은 농약에 중독되어 암, 폐 질환 등과 같은 무서운 병으로 아까운 목숨을 잃어도 된다는 말인가?

그리고 그것이 어떻게 농민들만의 문제인가? 농약이 포함된 음식을 먹는 소비자들은 과연 안전한가? 분명히 말하지만 절대로 안전하지 않다. 그 징조는 벌써 여기저기에서 많이 나타나고 있다. 암 환자 증가, 아토피성 피부 및 각종 알레르기, 어린 소녀들의 비정상적인 월경, 젊은 부부의 불임, 기형아 및 미숙아 출산 등은 모두 먹거리에서 비롯된 이상 현상이며, 그 중심에 농약이 자리하고 있다는 것이 밝혀졌다. 미국의 의학 전문지 '소아 과학'에는 농약이 포함된 채소와 과일을 많이 섭취한 어린이들이 ADHD 즉 주의력 결핍과 과잉행동 장애에 걸리기 쉽다는 논문도 실렸다. 여기서 이렇게 말할지도 모른다.

"농산물 내의 농약 잔류량이 '안전 기준치' 이하이면 아무 피해가 없어. 따라서 안전 기준치 이하가 되도록 잘 관리하는 것이 중요해."

농약 잔류량이 정부 기관에서 정한 안전 기준치 이하이면 정말 안전할까? 안전 기준치의 의미에 대해서 레이철 카슨이 주장한 내용을 소개한다.

"농약 잔류량의 안전 기준치 제정은 농약 회사에 생산 비용 절감이라는 혜택을 주기 위해 많은 사람이 먹는 음식에 독성 화학물질 사용을 허가하기 위한 수단이다. 동시에 많은 사람이 섭취하는 화학물질이 위험 수준이 아님을 확인시켜주는 정책 기관을 만들어, 그 유지 비용을 국민의 세금으로 충당하려는 수단이다."

오토 바르부르크 박사는 미량의 화학물질을 장기간 반복 흡수하는 것이 다량의 화학물질을 가끔 흡수하는 것보다 더 위험하다면서, 발암물질인 화학물질에 안전 기준치가 존재할 수 없다고 주장했다(p.216 참조). 레이철 카슨은 안전 기준치라는 이상한 숫자를 믿고 농약을 아무 두려움 없이 섭취하고 있는 우리의 현실을 이렇게 표현했다.

"지금 우리가 처해 있는 상황은 오래전 이탈리아 보르자 가문

(마피아의 선구자)의 초대를 받은 손님보다 나을 것이 하나도 없다. 보르자 가문에서는 어떤 사람을 제거해야 할 필요가 있을 경우, 그를 손님으로 초대하여 대접하면서 음식에 미량의 독극물을 넣는 경우가 많았다. 그 음식을 먹은 사람은 기분 좋게 돌아가 생활하다가, 시간이 지나면서 서서히 죽었다."

우리가 모두 농약 회사의 초대를 받아 안전 기준치 이하라고 하는 미량의 농약을 장기간 섭취하면서 서서히 죽어가고 있단 말인가? 보르자 가문의 초대를 받아 맛있는 음식을 대접받았던 손님처럼 말이다. 나는 농약 회사 CEO들에게 묻고 싶다.

"당신들의 기업 이념과 기업 윤리는 무엇인가? 우리 국민의 건강은 생각하지 않고, 회사의 이익만 추구하는 것이 당신들의 기업 이념이고 기업 윤리인가?"

나는 진심으로 이 질문에 대한 대답을 듣고 싶다. 나의 이 질문에 대한 농약 회사 CEO들의 대답은 참으로 궁색할 수밖에 없을 것이다. 해마다 많은 이익을 남기면서 큰돈을 벌고 있을지 몰라도, 자기들이 만든 제품 때문에 우리 국민이 암과 폐 질환을 비롯한 각종 질병에 시달리고 있다는 사실을 모르지 않을 테니 말이다.

한동안 가습기 살균제 문제로 온 나라가 떠들썩했다. 옥시 전 대표가 대역죄인의 모습으로 검찰에 출두하는 모습이 언론에 보도되었고, 피해자들과 그 가족들이 울분에 찬 모습으로 옥시를 규탄하는 모습도 보도되었다. 옥시 제품에 대한 불매운동도 전국으로 확산되었다. 정부에서도, 정치권에서도 옥시 가습기 살균제 문제를 비중 있게 다루었다.

2008~2009년의 세계 경제 위기가 단순한 경제 위기가 아니라 윤리와 가치관의 위기라고 하는 주장이 설득력을 얻고 있다. 그런데 기업의 윤리와 가치를 내팽개친 이러한 일이 우리나라에서 어떻게 발생할 수 있단 말인가?

여기서 우리 잠깐 눈을 돌려 보자. 우리 인체에 피해를 주는 화학물질을 사용하는 곳이 가습기 살균제 외에는 없는가? 농작물에 사용하는 농약의 피해에 대해서 생각해 본 적이 있는가? 농약으로 인한 피해 규모는 훨씬 더 크다. 그러나 여기에 대해서는 모두 무감각해져 버렸다. 마치 남의 나라 일처럼 생각하는 것 같다.

많은 농민과 소비자가 자신도 모르는 사이에 농약의 피해를 보고 있다. 그러나 그것이 얼마나 심각한지 깨닫지 못하고 있다. 그것이 암의 주요 원인이라는 사실은 더욱더 모른다.

우리는 가습기 살균제를 만든 옥시를 살인 기업이라면서 성토했다. 그렇다면 가습기 살균제보다 훨씬 더 심각한 피해를 주는 농약을 만드는 회사는 무슨 기업일까? 우리는 이 기업에 맞서 어떻게 대처해야 우리의 건강과 생명을 지켜낼 수 있을까? 나는 신중하게 그리고 단호하게 그 답을 말한다.

"생명환경농업을 정부 주도로 추진하는 것이다."

대한민국을 세계 최고급 농산물 생산국으로

정치권의 모 인사가 내게 말했다.

"군수님, 생명환경농업으로 돈 많이 번 사람 있습니까? 그런 사람 있으면 군수님께서 일부러 강조하지 않아도 많은 사람이 따라 할 것입니다."

이 말을 듣는 순간 나는 뒤통수를 망치로 얻어맞은 것처럼 멍해졌다. 내가 전혀 예상하지 못했던 말이기 때문이다. 생명환경농업을 추진하면서 내세웠던 구호에 나의 철학과 신념이 담겨 있다.

"생명환경농업은 우리 농업의 혁명이며 대한민국의 희망입니다."

이 구호(그림 13)는 고성군 여기저기의 현수막에 걸려 있었으며, 각종 행사 안내서에도 게재되었다. 이 구호에 명시되어 있듯이, 내가 생명환경농업을 시도하고 추진한 것은 우리 농업의 혁명을 일으켜 그 경쟁력을 높이고자 하는 것이 목적이었다. 만일, 돈을 버는 수단이 될 수 있다고 생각하면서 생명환경농업을 시도했다면 그렇게 강력하게 추진하지 못했을 것이다. 중국의 한 성공적인 기업가에게 '당신에게 돈의 의미는 무엇인가?'라는 질문을 했을 때 그 기업가가 했던 대답을 소개한다.

"돈은 일하는 과정에서 저절로 생기는 부산물이다. 나는 젊은 사람들에게 '돈을 좇아가지 말라'고 이야기한다. 자신의 수입이 얼마인지 따지는 시간에 어떻게 하면 창조적이고 혁신적으로 나갈 수 있을지를 생각하라고 말한다."

그 기업가의 이 대답이 바로 생명환경농업을 하고자 하는 사람들에게 들려줄 가장 적당한 말이라는 생각이 든다. 생명환경농업은 창조적이며 혁신적인 농업이기 때문이다. 돈을 벌겠다는 생각으로 생명환경농업을 해서는 안 된다. 우리 농업에 새로운 혁명을 일으킨다는 마음으로 생명환경농업을 하다 보면 돈은 기적처럼 찾아올 것이다.

생명환경농업 농산물은 최고의 건강식품이며, 최고급의 우수 농산물이라고 말할 수 있다. 사람 몸에 해로운 농약을 사용하지 않으며, 농작물을 아주 건강하게 재배하기 때문이다. 생명환경농업 농산물의 판매 과정을 지켜보면서 생각했다.

"만일 생명환경농업을 정부 주도로 추진한다면 우리 농업의 국제 경쟁력을 크게 향상시키면서, 대한민국을 세계 최고급 농산물 생산국으로 만들 수 있겠구나."

그림 13 생명환경농업에 대한 구호

내가 이렇게 말하는 이유를 알기 위해 조미료와 관련한 흥미로운 이야기를 살펴보도록 하자. 우리나라 조미료의 역사는 1958년 미원과 함께 시작되었다. 미원은 MSG를 함유한 우리나라 최초의 조미료로서, 시장에 나오자마자 우리 국민의 입맛을 사로잡았다. 그 감칠맛에 우리 국민은 매료되었으며, 조미료 시장은 뜨겁게 달아올랐다.

상황이 이렇게 되자 삼성이 미풍이라는 이름으로 조미료 시장에 재빨리 뛰어들었다. 그러나 그 결과는 한 마디로 대참패였다. 그 이유는 소비자들의 머릿속에 이미 '미원'과 '조미료'가 동의어로 각인되어 있었기 때문이다. 요즘과 같이 큰 마트가 없고 대부분 작은 가게에서 생활용품을 사던 시절, 가게에 조미료를 사러 온 사람이 하는 일반적인 말이다.

"미원 하나 주세요."

'조미료 하나 주세요'라고 말하는 사람은 거의 찾아볼 수 없었다. '미원'이라는 글자가 소비자들의 머릿속에 깊이 박혀버렸으며, '미풍'이 헤집고 들어갈 공간이 없었기 때문에 일어난 현상이다. 이런 현상을 알 리스와 잭 트라우트는 그들의 저서 '마케팅 불변의 법칙'에서 다음과 같이 설명하고 있다.

"많은 사람이 마케팅을 제품의 싸움이라고 생각한다. 그래서 최고의 제품이 결국 승리할 것이라고 믿는다. 그러나 그것은 사실이 아니다. 마케팅에는 객관적 현실이란 존재하지 않으며, 진실 같은 것도 없다. 최고의 제품 역시 없다. 마케팅에는 소비자의 기억 속에 자리 잡는 인식만이 존재할 뿐이다."

우리가 가지고 있는 상식과는 다른, 의미심장한 말이다. 대부분의 사람은 좋은 제품을 만들어야 시장에서 이길 수 있다고 생각한다. 그런데 알 리스와 잭 트라우트는 그렇지 않다고 말한다. 그들은 마케팅은 제품의 싸움이 아니라 인식의 싸움이라고 강조하고 있다. '어떤 제품이 얼마나 좋은 제품이냐' 하는 사실보다 '어떤 제품이 소비자들의 머릿속에 어떻게 인식되느냐'가 더 중요하다는 뜻이다. 그들은 한 가지 예를 들어 설명한다.

"코카콜라 회사에서 각 제품의 맛을 비교하기 위해 시음을 했다. 20만 번에 달하는 시음 테스트를 한 결과 맛에서 뉴코크가 1위, 펩시콜라가 2위, 코카콜라 클래식이 3위임을 확인했다. 그런데 청량음료 시장의 실제 마케팅에서는 시음 테스트 3위인 코카콜라 클래식이 당당하게 1위를 차지했으며, 시음 테스트 1위인 뉴코크는 3위에 그쳤다. 왜 이런 결과가 나왔을까? 사람들은 믿고 싶은 것을 믿으며, 맛보고 싶은 것을 맛보기 때문이다. 청량음료 마케팅 역시 맛의 싸움이 아니라 인식의 싸움이었다. 코카콜라 클래식은 눈을 가리고 하는 시음 테스트에서는 3위였지만, 눈을 뜬 상태의 실제 판매에서는 1위였다. 이런 말도 안 되는 일이 발생한 이유는 무엇인가? 사람들이 코카콜라 클래식을 맛있는 청량음료라고 이미 생각하고 있기 때문이다. 그리고 마시면서도 정말 그렇게 느끼기까지 하기 때문이다."

이제 농산물의 경우를 생각해 보자. 제일 품질 좋은 쌀이 무슨 쌀이냐고 물으면 대부분의 사람은 이천쌀이라고 대답할 것이다. 쌀의 품질은 맛뿐만 아니라 그 속에 포함된 성분과 오염 정도 등 여러 가지가 있을 것이다. 그러나 사람들은 이런 내용은 생각도 하지 않고 그냥 이천쌀이 제일 좋은 쌀이라고 믿고 있다.

이것저것 다 젖혀 두고 밥맛으로만 좋은 쌀을 결정한다고 가정해 보자. 만일 눈을 가리고 시식회를 하게 되면 그 결과는 우리가 전혀 예측하지 못했던 쌀이 가장 맛있는 쌀로 선정될 가능성이 훨씬 크며, 이천 쌀이 가장 맛있는 쌀로 선정될 가능성은 아주 적다.

그런데도 왜 이천쌀이 제일 좋은 쌀로서 널리 알려져 있을까? 그 이유는 많은 소비자들의 머릿속에 이천쌀이 좋은 쌀로서 깊이 인식되어 있다는 이유 한 가지다. 미원이 제일 좋은 조미료인 것으로 인식되어 있듯이 말이다.

다시 조미료 이야기로 돌아가자. 미원이 출시되고 한참의 세월이 흐른 뒤 제일제당에서 소위 차등화 전략으로 승부를 걸었다. 즉 '다시다'라고 하는 고급 조미료를 출시했다. 그리고 여기서 대박을 터뜨리는 수훈을 올렸다.

다시다가 고급 조미료로서 대성공을 거두자 이번에는 미원그룹에서 재빨리 '쇠고기맛나'라는 고급 조미료를 출시했다. 그러나 이번에는 쇠고기맛나가 다시다에 참패를 당하고 말았다. 미풍이 미원에 참패를 당했듯이 말이다. 고급 조미료는 다시다라고 하는 것이 소비자들의 머릿속에 깊이 인식되어 있었기 때문에 일어난 현상이다.

우리 고성군에서는 일반 농약(화학비료, 합성농약, 제초제) 대신 천연농약(천연비료 포함)을 사용하여 최고급의 쌀을 생산했다. 그러나 우리는 쌀의 판매는 '품질'이 아니며 '인식'이라는 사실을 체험해야만 했다. 생명환경쌀이 고급 쌀로 소비자들의 머릿속에 깊이 인식될 수 있도록 하는 데에는 성공할 수 없었다는 말이다.

만일, 고성군이 대형 마트였다고 하면 어떻게 되었을까? 분명히 대박을 터뜨렸을 것이다. 조직적인 판매망을 갖추고 있고, 많은 홍보비를 투자하면, 고급농산물이라는 인식을 얻어낼 수 있기 때문이다. 그러나 고성군은 소비자들의 인식을 바꿀 수 있는 판매 조직망도 없으며, 많은 돈을 홍보에 투자할 수 있는 상황도 아니지 않은가? 생명환경쌀의 고급브랜드화에 한계가 있을 수밖에 없는 것이 엄연한 현실이었다.

그런데 만일 생명환경농업을 정부가 추진한다고 생각해 보자. 우리나라 농산물의 우수성과 안전성을 정부 차원에서 전 세계에 홍보할 수 있을 것이다. 우리나라 농산물은 농약으로부터 해방된 안전 먹거리 농산물, 고급농산물로서 인식될 수 있을 것이다. 다른 나라에 앞서 우리나라가 세계 최고급 농산물 시장을 선점하는 효과를 가져올 수 있을 것이다.

삶의 수준이 높아지면서 먹거리의 중요성도 더 많이 강조되고 있다. 세계 최고급 농산물의 대명사가 된 우리나라 농산물은 먹거리에 불안을 느끼는 세계의 많은 소비자가 가장 신뢰하는 안전 농산물이 될 수 있을 것이다. 우리나라 농산물은 판매에 아무런 걱정이 없을 것이다. 그것도 비싼 가격으로 말이다.

농촌 군수의 의지만으로는 이 커다란 목표를 추진해 나갈 수 없었다. 내가 정부를 향해 목소리를 높인 이유다.

02

생명환경농업에서 샘솟는 진정한 행복

IT산업은 우리를 불행하게 만들고 말았다

IT 산업이 우리 사회의 주력산업으로 등장하면서, 즉 3차 산업혁명이 일어나면서 우리에게 어떤 변화가 일어났는지 생각해 보자. 세상의 모든 정보가 내 손바닥 안에 들어와 있게 되었고, 스마트폰과 노트북은 우리의 친한 친구가 되었다. 컴퓨터의 하드웨어가 우리의 손발을 대신하고, 소프트웨어가 우리의 두뇌를 대신하는 시대가 되었다.

비행기표, 기차표, 고속버스표도 스마트폰으로 모두 해결된다. 교통카드 한 장으로 지하철과 시내버스를 이용하는 것은 물론이고, 편의점에서 물건도 살 수 있다. 귀찮게 지갑에 현금을 넣어 다닐 필요 없이 신용카드나 체크카드 한 장이면 어디에서 무슨 물건이든 살 수 있다. 심지어 카드도 가지고 다닐 필요가 없다. 모바일 카드가 있으니 말이다.

이 모든 것들이 IT 산업이 우리에게 가져다준 편리함이다. 그러나 우리 한 번 조용히 생각해 보자. 우리에게 편리함을 가져다준 이러한 변화들이 과연 우리에게 행복까지도 가져다주었을까? 이 질문에 대한 답을 얻기 위해 IT에 푹 빠져 있는 우리의 일상을 잠시 멈추고 진정한 행복이 어떤 것인지 깊이 생각해 보자.

먼저, 프랑스의 유명한 정신과 의사였던 프랑수아 를로르가 쓴 '꾸뻬 씨의 행복 여행'이라는 책을 통해서 행복이 어떤 것인지 살펴보기로 하자.

"정신과 의사인 꾸뻬는 파리 중심가 한복판에 병원을 가지고 있는 성공한 의사였다. 그의 병원은 항상 상담을 원하는 사람들로 넘쳐났다. 그와 상담하는 사람들은 자신들의 불행한 삶에 대해서 솔직하게 털어놓았다. 그런데 아이러니하게도, 그들은 대부분 불행해야 할 뚜렷한 이유를 가지고 있지 않았다. 그런데도 그 사람들은 마음이 병들었으며, 불안해했고, 불행한 삶을 살고 있었다.

꾸뻬를 찾아오는 사람들은 더 많아졌고, 그로 인해서 꾸뻬는 행복한 것이 아니라 오히려 불행해졌다. 상담과 약 처방만으로는 그 사람들을 행복하게 만들어 줄 수 없다는 사실을 깨달았기 때문이다. 드디어 꾸뻬는 자기 일에 회의를 느끼기 시작했다.

'다른 지역보다 더 부유하고 풍족한 삶을 즐기는 사람들이 사는 이곳 파리에 다른 지역보다 훨씬 더 많은 정신과 의사가 있어야 하는 이유는 무엇인가? 불행한 사람들을 행복하게 만들어 줄 수 있는 진정한 방법은 무엇인가?'

이러한 회의들이 계속 그를 덮쳐왔고, 그는 점점 지쳐가는 자신을 발견했다.

'나 역시 지금의 삶에 만족하지 못하고 있다.'

드디어 그는 세계 여행을 떠난다. 중국과 미국 등 여러 나라에서 많은 사람을 만나고, 또 여러 전문가와 대화한다. 여행을 마친 꾸뻬는 행복해질 수 있는 비결에 대해서 다음과 같은 결론을 내린다.

첫째, 행복의 가장 중요한 비결은 다른 사람과 자기 자신을 비교하지 않는 것이다. 우리는 곧잘 다른 사람과 자기 자신을 비교한다. 그리고 자기 자신이 그들에 비해 부족하고 모자란 부분이 있음을 알게 되고, 그래서 자신은 불행하다고 생각한다. 이러한 마음가짐으로는 절대 행복해질 수 없다. 남과 비교하니까 자기 삶이 초라하게 여겨지고, 기가 죽고, 시기심과 질투심이 생겨나고, 그래서 불행해지는 것이다. 남이 고급 차를 가지고 있든, 고급 아파트에 살든, 돈 많은 부자이든, 출세를 했든, 자기 자신을 그 사람들과 비교하지 말아야 한다. 행복은 주어진 자기 몫의 삶에 충실할 때 얻어질 수 있는 귀한 보석이기 때문이다.

둘째, 행복해지기 위한 그다음 중요한 비결은 자기 자신이 좋아하는 일을 하는 것이다. 사람은 자기 자신이 하고 싶은 일과 자기 자신이 좋아하는 일을 할 때 가장 행복하다. 그 일이 남에게 피해를 주지 않는다고 하면 어떤 일이든 상관없다. 하기 싫은 일을 억지로 한다고 생각해 보자. 그 삶은 한 마디로 지옥의 연속일 뿐이다.

셋째, 행복해지기 위해서는 집과 채소밭을 가지는 것이 좋다. 집은 행복의 보금자리다. 여기에 채소밭이 있어 흙에서 살아 있는 생명을 가꾼다고 하면 행복은 샘물처럼 솟아오를 것이다. 자신이 뿌린 씨앗에서 싹이 트고 떡잎이 나와 자라나는 과정을 보고 있으면 마음이 뿌듯해질 것이다. 또한, 채소밭은 항상 보살펴야 하므로 부지런해질 수 있으며, 따라서 몸도 건강해질 수 있다. 자연에 대한 고마움도 느낄 수 있으며, 생명에 대한 신비도 만끽할 수 있다.

넷째, 행복해지기 위해서는 다른 사람에게 쓸모 있는 존재가 되는 것이 좋다. 다른 사람에게 의미 있는 존재가 되어야 하며, 유용한 존재가 되어야 한다는 뜻이다.

다섯째, 행복해지기 위해서는 모든 사물을 긍정적으로 바라보는 것이 좋다. 같은 장미꽃을 바라볼 때도 어떤 사람은 '아름다운 장미에 왜 가시가 있어?'라고 부정적으로 바라보는가 하면, 어떤 사람은 '가시가 있는데도 불구하고 이렇게 아름다운 꽃이 피네.'라면서 긍정적으로 바라본다. 누가 더 행복할 것인지 그 답은 뻔하지 않은가?

여섯째, 행복해지기 위해서는 다른 사람의 행복에 관심을 가지는 것이 좋다. 우리는 여러 사람과의 관계 속에서 살고 있기 때문에 다른 사람을 배제한 자신만의 행복은 근원적으로 있을 수 없다. 행복은 함께 나눌 때 몇 배로 커지고 깊어진다.

마지막으로, 행복해지기 위해서는 살아 있음의 기적을 느낄 수 있어야 한다. 살아 있다고 하는 사실, 그것은 하나의 기적이다. 그러나 우리는 그 중요한 사실을 느끼지 못하고 있다. 살아 있다는 사실, 그 자체가 놀라운 기적이며 경이로움 아닌가?"

정신과 의사인 프랑수아 를로르는 '꾸뻬 씨의 행복 여행'이라는 책에서 자기를 대신하여 정신과 의사 꾸뻬를 등장시켜 행복을 찾아 나서게 하고, 그가 찾은 행복의 비결에 관해서 이같이 설명하고 있다.

우리에게 '편리함'을 안겨준 IT 산업이 우리에게 '행복'도 안겨주었는지, 그 답을 얻기 위해 '꾸뻬 씨의 행복 여행'에 함께 해 보았다. 이제 꾸뻬 씨가 말한 7가지 '행복의 비결'에 IT 산업을 대입해 보자.

첫째, 행복해지기 위해서는 다른 사람과 자기 자신을 비교하지 말라고 했다. 이 부분에서 IT 산업은 우리를 불행하게 만들고 말았다. 그 이유는 IT 산업이 등장한 후 재화를 균등하게 나누어 가질 기회가 사라지게 됨으로써 부의 양극화 현상이 심화되었으며, 그 결과 비교하고 싶지 않아도 저절로 비교되는 사회가 되어버렸기 때문이다.

둘째, 행복해지기 위해서는 자신이 좋아하는 일을 해야 한다고 했다. IT 분야를 전문으로 하는 일부 사람에게는 IT 산업이 행복을 가져다준다고 말할 수 있다. 그 사람들은 그 일을 좋아하기 때문이다. 그러나 대부분의 사람에게 IT 산업은 불행을 가져다주고 말았다. 자기가 좋아하는 일을 컴퓨터, AI, 로봇 등 IT 기계들에 빼앗겨 버렸기 때문이다.

셋째, 집과 채소밭을 가지는 것이 행복해질 수 있는 비결이라고 했다. IT 산업은 이런 정서와는 거리가 멀다. 집과 채소밭은 여유를 이야기하지만, IT는 속도를 이야기하기 때문이다. 집과 채소밭은 자연을 이야기하지만, IT는 컴퓨터와 AI와 로봇을 이야기하기 때문이다. 따라서 이 부분에서 IT 산업은 우리에게 오히려 불행을 가져다준다고 말할 수 있다.

넷째, 행복해지기 위해서는 자신이 다른 사람에게 쓸모 있는 존재가 되는 것이 좋다고 했다. IT 산업에 종사하고 있는 일부 사람의 경우 사람의 생활을 편리하게 만드는 도구를 개발한다는 측면에서 다른 사람에게 쓸모 있는 일을 한다고 말할 수 있다. 결과적으로는 다른 사람의 일자리를 빼앗는 일이 되고 말지만 말이다. 그러나 대다수 사람의 경우, 다른 사람에게 쓸모 있는 존재로 살아간다는 것이 쉽지 않다. 하고자 하는 많은 일을 IT 기계가 빼앗아가 버렸기 때문이다. 따라서 대다수 사람에게 IT 산업은 불행을 가져다주고 말았다.

다섯째, 행복해지기 위해서는 모든 사물을 긍정적으로 바라보는 것이 좋다고 했다. 이 부분에서 IT 산업은 결코 좋은 점수를 받을 수 없다. SNS에서 문제점으로 부각되고 있는 개인에 대한 인신공격과 악플과 가짜 뉴스는 사물을 부정적으로 바라보는 데에서 출발하기 때문이다. 개인에 대한 칭찬과 선플과 진짜 뉴스가 SNS를 통해서 널리 전파되는 경우는 아주 드물다.

여섯째, 행복해지기 위해서는 다른 사람의 행복에 관심을 가지는 것이 좋다고 했다. 지하철이나 시내버스를 타고 있는 사람들을 생각해 보라. 대부분 휴대폰과 대화하고 있으며, 다른 사람에게는 관심이 없다. 이런 풍경은 지하철과 시내버스에서만 볼 수 있는 것이 아니다. 어디서든 시간만 나면 휴대폰 또는 컴퓨터와

대화하려고 하는 것이 오늘날 우리의 모습이다. 이처럼 IT 산업은 사람과 사람의 관계를 단절시키고, 대신 사람과 기계의 새로운 관계를 만들어 버렸다. 다른 사람에게 관심이 없고 기계에 관심 있는 사람이 다른 사람의 행복에 관심을 가진다는 것은 힘든 일이다. 따라서 이 부분에서 IT 산업은 우리에게 행복을 가져다준다고 말할 수 없다.

마지막으로, 행복해지기 위해서는 살아 있음의 기적을 느낄 수 있어야 한다고 했다. 채소밭을 가꾸며 자연과 함께 하는 사람이 살아 있음의 기적을 느끼는 것은 자연스러운 일이지만, IT로 인해 일자리를 빼앗기고 인간성마저 박탈당한 사람이 살아 있음의 기적을 느끼기는 어려운 일이다. 따라서, 이 부분에서도 IT 산업은 우리에게 결코 행복을 가져다줄 수 없다.

지금까지 꾸뻬 씨가 제시한 '행복의 비결'에 IT 산업을 대입시켜 보았다. IT 산업에 종사하고 있는 일부 사람에게는 IT 산업이 행복을 가져다준다고 말할 수 있다. 그러나 대부분의 사람에게 IT 산업은 행복을 가져다주지 못하며, 오히려 불행을 안겨주고 말았다.

화학농업은 우리의 행복을 빼앗아가 버렸다

우리나라에 농약(화학비료, 합성농약, 제초제)이 등장한 것은 1950년대 후반이었다. 농약이 등장하게 됨으로써 농사일이 훨씬 편리해졌으며, 농작물의 수확량도 많이 증가하였다.

그러나 농약은 우리 몸에 해로운 독성을 가지고 있다. 자동차를 타고 시골길을 가다 보면 차 안으로 갑자기 독한 냄새가 들어오는 것을 느낄 경우가 있다. 어디서 이런 독한 냄새가 나는지 궁금하여 주위를 살펴보면, 인근 논밭에서 농약을 살포하는 광경을 볼 수 있다(그림 14).

내가 어릴 때는 농약을 거의 사용하지 않았다. 상쾌하고 깨끗한 공기가 농촌의 공기였다. 그러나 농약이 본격적으로 등장한 후 농촌의 공기가 바뀌었다. 농촌 여기저기서 농약 냄새가 코를 찌르고 있다. '녹색평론'의 김종철 발행인은 변해버린 농촌을 이렇게 묘사하고 있다.

그림 14 농약 살포 모습

"작년 여름 김해 근처 시골에 방을 하나 빌려 잠시 쉬어 보겠다고 갔다가 하룻밤 자고 도로 대구로 돌아올 수밖에 없었습니다. 시골이 조용할 것이라는 예상이 빗나갔기 때문입니다. 농약 냄새가 사방에서 바람을 타고 들이닥치는 것도 참을 수 없었지만, 고속도로를 달리는 자동차 소음에 무방비 상태였습니다."

고속도로를 달리는 자동차 소음은 김 발행인이 머물렀던 곳이 고속도로 인근이었기 때문에 어쩔 수 없는 일이었을 것이다. 그것은 농촌과 무관한 것이며, 도시라 하더라도 도로 부근이면 그런 소음이 들렸을 것이다. 만일 김 발행인이 고속도로에서 멀리 떨어진 농촌 지역에 방을 빌렸다면 그런 고통은 없었을 것이다.

내가 중요하게 생각하는 것은 농약 냄새다. 두 팔을 크게 벌리고 심호흡을 하면서 천천히 들이마시면 가슴속이 시원해지는 상쾌하고 깨끗한 공기가 농촌의 공기다. 그런 농촌을 지독한 냄새의 세상으로 만들어버린 것이 농약이다.

여기서 우리 잠깐 농약 피해에 대한 구체적인 수치를 한 번 살펴보자. 우리나라에서 농약으로 인한 사망자가 연 3,500여 명 정도라는 사실이 국회에 보고되었다. 이 충격적인 사실을 어떻게 해석하면 좋을까?

1964년 우리나라 농약 살포 횟수는 연 2회에도 못 미쳤는데, 1978년에는 연 8.5회에 달했다. 14년 만에 4배가량 증가한 것이다. 그 후 농약 사용 횟수는 계속 증가했으며, 지금은 농약 살포가 일상이 되어버렸다.

1967년 우리나라의 농약 사용량은 1,577t이었다. 14년 후인

1981년에는 16,032t으로 세계 네 번째로 농약을 많이 사용하는 나라가 되었다. 그 후 농약 사용량은 계속 증가하여 2012년 28,200t을 기록하면서 세계 1위의 자리에 올라섰다. 농약 사용량 세계 챔피언의 나라 대한민국! 축하의 팡파르라도 울려야 할까?

농약은 우리의 상상을 초월할 정도로 그 피해가 심각하다. 국립보건원의 조사 발표에 의하면 농민의 82%가 농약 중독을 경험하고 있으며, 이 중 31%는 요양 또는 치료가 요망된다고 한다. 이 말은 농약에 중독된 농민 중에서 31%가 이미 암 또는 폐 질환을 일으키기 시작했다는 뜻이다. 우리나라의 농약 중독 발생률은 미국 등 선진국과 비교하면 100배나 높게 나타나고 있다.

이처럼 우리나라에서 농약 피해가 대단히 큰 이유는 무엇일까? 미국, 영국, 일본 등 다른 나라에서는 농약을 적게 사용하려는 노력을 하지만, 우리나라에서는 농약을 적게 사용하려는 노력을 하지 않기 때문이다. 지금은 넓은 면적의 논밭이나 과수원의 경우 드론을 사용하여 농약을 살포하기 때문에 농민들이 직접 피해를 보는 경우는 어느 정도 줄어들게 되었다(그림 21). 그러나 드론을 사용하여 살포하는 농약은 사람이 직접 살포하는 농약에 비해 독성이 훨씬 강하다. 사람이 직접 살포할 경우에는 농약을 500~1,000배 희석하여 사용하지만, 드론에서는 농약의 원액을 사용하기 때문이다. 따라서 소비자로서는 더 심각한 상황이 되어 버렸다.

건강을 위해서 여러 종류의 야채를 골고루 먹으라고 권고한다. 그러나 그 야채에 포함되어 있는 농약의 피해에 대해서는 아무도 말하지 않는다. 샐러드 바에 놓여 있는 여러 종류의 야채를 먹게 되면, 우리 몸 안에서 서로 다른 농약이 혼합되어 그 독성이 훨씬 더 강해질 수밖에 없다는 사실도 말하지 않는다.

소, 돼지 등의 고기가 불에 타서 검게 된 부분은 암을 유발할 가능성이 있다고 말하면서, 농약에 오염된 음식이 암을 유발할 가능성이 있다는 말은 아무도 하지 않는다.

이 미스터리를 어떻게 이해해야 할까?

프랑스의 장 피에르 카르티에와 라셸 카르티에 부부가 저술한 '농부 철학자 피에르 라비(그림 15)'에서 주인공 피에르 라비는 말했다.

"농약을 사용하는 오늘날의 농업은 흙을 떠난 농업이다."

농업은 흙에서 이루어져야 한다는 뜻이다. 여기서 흙이란 살아 숨 쉬는 흙을 말한다. 우리는 흙이 숨 쉬는 소리를 들을 수 있어야 하고, 흙에서 솟아 나오는 생명의 신비를 느낄 수 있어야 한다는 말이다. 그런데 오늘날의 화학농업은 그러한 자연의 신비를 뿌리째 흔들어 버리고 말았다. 책의 주인공인 피에르 라비는 살아 숨 쉬는 흙에서 이루어지는 농업은 그 자체가 기적이라고 말했다.

프랑수아 를로르가 쓴 '꾸뻬 씨의 행복 여행'에서 꾸뻬 씨는 집과 채소밭을 가지는 것이 행복해질 수 있는 비결이라고 말했다. 피에르 라비가 말한 '기적'은 꾸뻬 씨가 말한 '행복의 비결'과 같은 의미일 것이다.

농약으로 인해 무기질이 되어가고 있는 오늘날의 농업에는 그러한 '기적'과 '행복의 비결'이 존재할 수 없다. 더 많은 생산을 위해 더 많이 땅을 죽여가고 있기 때문이다. 다시 말해서 오늘날의 화학농업에서는 진정한 행복이 사라져 버렸다.

농약으로 인해 생태계가 어떻게 파괴되고 있으며, 우리의 진정한 행복이 어떻게 사라지게 되었는지 한 번 생각해 보자. 어린 시절 개천에서 발가벗고 놀던 기억이 난다. 개천을 통해 흐르던 맑은 물소리가 지금도 귀에 생생하게 들리는 것 같다. 개천을 쭉 따라가면 여기저기 작은 웅덩이에 미꾸라지, 송사리, 가재, 다슬기 등 여러 종류의 생물이 무리를 지어 살고 있었다. 그러나 생명의 소리를 들려주던 그 개천은 지금 죽음의 개천이 되어버렸다. 그 많던 생물들은 모두 어디로 가 버렸을까?

여러 개천이 흘러 모여서 만들어진 강에는 더 큰 물고기들이 살고 있었다. 강에 있는 큰 돌멩이를 움직이면 시커먼 민물장어가 후다닥 도망가곤 했다. 그놈을 쫓아가느라 무릎 깊이의 강물에 넘어져 온몸에 물을 뒤집어썼던 기억이 지금도 생생하다. 그러나 그 많던 물고기들은 지금 강에서 거의 사라져 버렸다.

어린 시절 내가 살던 동네 앞바다는 항상 생동감 넘치는 바다였다. 그곳에 가면 언제든지 풍부한 해산물을 원하는 대로 얻을 수 있었다. 그러나 그 바다는 이제 옛날의 바다가 아니다. 옛날처럼 풍성한 해산물을 채취한다는 것은 생각도 할 수 없으며, 많은 생물이 사라져 생동감도 자취를 감추고 말았다. 해안에 서식하면서 바다 정화작용을 하던 그 많은 잘피가 거의 사라져 버렸다는 사실만으로도 오늘의 바다가 얼마나 마지막 단계에까지 와 있는지 알 수 있다.

개천과 강과 바다가 모두 생명력을 잃어버렸다. 이보다 더 큰 재앙이 어디 있겠는가? 여기에는 신비도, 기적도, 행복도 존재하지 않는다. 일찍이 미국의 데이비드 프라이스 박사는 이러한 우리의 현실을 다음과 같이 말했다.

"사람들은 환경 파괴로 인해 결국 공룡처럼 멸종할지도 모른다는 두려움에 떨면서 살아가게 되었다."

'침묵의 봄'이라는 책에서 레이철 카슨은 이렇게 경고했다.

"농약은 토양, 물, 음식을 오염시키면서 고기가 뛰놀지 않는 개울과 새가 울지 않는 정원과 숲을 만들고 있다. 아무리 안 그런 척 행동해도, 인간은 자연의 일부다. 이 세상 곳곳에 만연한 환경오염으로부터 도망칠 수 있는가?"

농업에 사용하는 농약은 현실적으로 가장 심각한 환경 파괴 요소다. 그런데 이해할 수 없는 것은 환경단체들이 농업에 사용하는 농약에 대해서 침묵을 지키고 있다는 사실이다. 논밭과 비교하면 면적도 훨씬 작고 사용량도 비교가 안 되는 골프장의 농약 사용에 대해서는 목소리를 내면서 말이다. 골프장에 사용하는 농약은 점오염원이다. 언제든지 오염원을 추적할 수 있으며, 체계적으로 관리할 수 있다. 그러나 농업에 사용하는 농약은 비점오염원이다. 어디가 오염원인지 발견하기 힘들고, 관리하기도 어렵다. 그만큼 훨씬 더 심각한 오염이라는 뜻이다.

농업에 사용하는 농약은 아름다운 금수강산을 피폐화시키고,

우리의 건강을 위협하고, 심지어 목숨까지 노리면서, 우리의 행복을 빼앗아가 버렸다.

친환경농업이 진정한 행복을 가져다주기 힘든 이유

"비료를 사용하지 않으면 수확이 적습니다. 농약을 사용하지 않으면 병해충을 어떻게 예방합니까? 그 지긋지긋한 잡초를 손으로 제거할 수 없지 않습니까? 현실적인 말씀을 하셔야죠."

평생 농사를 지어온 분이 농약(화학비료, 합성농약, 제초제)을 사용하지 않으면 절대 농사를 지을 수 없다면서, 마치 나를 나무라기라도 하듯이 큰 소리로 말했다. 물론 이분은 내가 시도하는 생명환경농업이 일반 친환경농업과 다르다는 사실까지는 알지 못했다.

농약을 사용하면 농사일이 편리해지고, 수확량도 증가할 수 있다. 병해충도 그때그때 퇴치할 수 있다. 잡초는 단 한 번에 없애버릴 수 있다. 그러나 농약 사용으로 인한 희생은 우리가 상상할 수 없을 정도로 크다. 농약 사용과 관련하여 이런 한탄의 소리가 들린다.

"이제 우리는 둘 중 하나를 선택해야 한다. 농작물과 토양을 진정한 삶으로 돌려보내 주든지, 아니면 지구 전체가 함께 죽든지, 둘 중 하나를 선택해야 한다."

농약을 사용하기 시작한 것은 1940년대 중반이었으며, 농약 사용에 대한 자제의 목소리가 본격적으로 터져 나오기 시작한 것은 1960년대 초반이었다. 그 결과 탄생한 것이 친환경농업이다. 그러나 친환경농업은 세상에 나온 지 60년의 세월이 지났지만 널리 확산되지 못하고 있다. 우리나라 역시 친환경농업을 확산시키기 위한 많은 노력이 있었지만 큰 효과를 얻지 못했다. 그 이유가 무엇일까? 이 질문에 대한 답을 얻기 위해 프랑스의 장 피에르 카르티에 부부가 쓴 '농부 철학자 피에르 라비'의 이야기로 다시 돌아가 보자(그림 15).

"알제리 사막 한가운데에서 어린 시절을 보낸 피에르 라비는 프랑스인 부부에게 입양된다. 그리고 청년 시절 파리의 한 기업에서 기능공으로 일한다. 그러나 그는 도시 생활에 회의를 느낀다. 현대

그림 15 '농부 철학자 피에르 라비' 책 표지

인들이 열광하는 발전이 공정한 발전이 아니라 몇몇 사람의 부(富)를 위해 만들어진 시스템에 불과하다는 사실을 깨닫는다. 그 모든 것은 두 가지 원칙, 즉 '무한한 성장'과 '무한한 이익'에 근거를 두고 있으며, 그 원칙들이 불러올 파괴적인 결과를 상상한다.

피에르 라비는 마침내 도시를 떠나 프랑스 남부의 한 농촌 마을로 내려간다. 농촌에서는 도시와는 달리 '생산 제일주의 사상'에서 벗어날 수 있을 것이라고 생각하면서 용감하게 귀농을 실천에 옮긴 것이다. 그러나 아, 이게 어찌 된 일인가? 산업화의 방식은 이미 농촌에까지 침투해 있었다. 피에르 라비는 처음 3년 동안 도시에서 경험한 것과 마찬가지로 생산성 증대라는 개념에 바탕을 둔 화학농업을 경험한다. 도시를 떠나왔기 때문에 생산 제일주의의 강박관념에 등을 돌리게 되었다고 생각했지만, 농촌에서 그 강박관념을 다시 보게 된다.

마침내 그는 대지를 황폐하게 하고 인류에게 피해를 주는 생산 제일주의에 강하게 반발하기 시작한다. 그는 자연 친화적인 농법들을 연구하고 시험하며, 자신의 땅을 가꾸기 시작한다. 농약과 같은 현대적인 방법이 아니라 유기물과 부식토를 이용하는 등 전통적인 방법으로 흙을 살린다. 이런 방법을 통해서 그는 생태계를 파괴시키지 않고도 한 가정을 부양할 수 있음을 증명해 보인다.

피에르 라비의 전통적인 농법은 단지 한 가정을 부양하는 데 그치지 않는다. 자신처럼 농촌으로 살러 오는 사람들에게 자신의 경험을 나눠 주며 그들의 정착을 도운다. 또한 아프리카의 여러

나라에도 자기가 실천하고 있는 농사법을 적용한다. 피에르 라비는 우리 사회의 성장 제일주의에 대해서 이렇게 말한다.

'우리 사회는 끝없는 성장의 기반 위에 세워져 있다. 그리고 우리는 끝 없는 소비가 이런 사회를 지탱해 나간다는 신념을 가지고 있다.'

피에르 라비는 그가 어린 시절을 보냈던 아프리카 사막 유목민의 지혜에 대해서 이렇게 말한다.

'유목민들은 낙타에 짐을 실을 때 중요한 것만 실었다. 다시 말하면 생존에 꼭 필요한 물건 외에는 모두 버렸다. 그들에게 검소함은 일상이었다.'

그는 생산 제일주의에 근거한 오늘날의 화학농업을 이렇게 비판한다.

'우리에게 식량을 공급하는 대지는 해마다 조금 더 많이 토지를 손상하는 인간의 행위 때문에 해마다 조금 더 많이 피폐하여 가고 있다.'

그는 현대적인 방법이 아닌 전통적인 방법으로 농사를 지으면서 흙과 대지를 살렸다. 대신 그는 절제의 정신을 가졌다. 먹을 만큼만 생산하는데 만족할 줄 알았다. 그리고 삶의 여유를 즐겼다. 음악도 감상하고, 책도 읽고, 글도 썼다. 말하자면 피에르 라비는 행복을 누릴 줄 알았다."

친환경농업이 널리 보급되지 못하는 이유를 알기 위해 장 피에르 카르티에가 쓴 '농부 철학자 피에르 라비'를 잠시 초대하여 그의 삶을 살펴보고, 그의 이야기를 들어보았다.

오늘날의 화학농업에서 농약을 많이 사용하는 이유가 무엇인가? 우리 농업이 '생산 제일주의'에 사로잡혀 있기 때문이다. 조금 더 많이 생산하기 위해 조금 더 많이 농약을 사용하고 있다.

그렇다면, 친환경농업이 등장하게 된 목적은 무엇인가? 화학농업으로 인해 크게 피폐화되고 있는 대지와 심각하게 위협받고 있는 인류 건강을 살리기 위해 등장했다. 그래서 친환경농업에서는 일반 농약 대신 토양을 해치지 않고 인류 건강에 피해가 없는 친환경농약을 사용한다.

친환경농업은 그 목적을 훌륭하게 수행하고 있다. 환경 파괴의 우려가 사라졌으며, 친환경농산물은 우리의 건강식품이 되었기 때문이다. 그렇다면 친환경농업은 널리 확산되어야 하지 않겠는가? 등장하게 된 두 가지 목적을 잘 수행하고 있으니 말이다.

그런데 친환경농업은 전혀 예상하지 못한 문제 때문에 널리 확산되지 못하고 있다. 그 문제는 친환경농업을 하는 농민들이 아직도 생산 제일주의의 개념에 사로잡혀 있다는 사실이다. 다시 말하면, 친환경농업을 하더라도 수확이 더 많기를 바란다는 사실이다. 그런데 현실은 그렇게 될 수 없었다. 친환경농업은 생산비는 많이 들고 수확은 적은 구조, 즉 '고비용 저수확'의 구조를 가지고 있기 때문이다.

만일 친환경농업을 하는 농민들이 피에르 라비처럼 먹을 만큼만 생산하는 것에 만족하면서, 음악을 감상하고, 책을 읽고, 글을 쓰는, 마음의 자세와 정신적 여유를 가진다고 하면 아무 문제가 없을 것이다. 농민들은 만족할 것이며, 행복을 누릴 수 있을 것이다. 그러나 농민들이 그런 생활을 하면서 여유를 가질 수 있는 현실이 되지 못한다. 대부분의 농민은 수확량이 적은 것을 안타깝게 생각한다. 그리고 수확량을 더 늘리고 싶은 강한 유혹을 받는다.

수확량을 늘리고 싶은 유혹을 끝내 뿌리치지 못하고 농약을 사용한 농가가 있다고 가정해 보자. 이 사실은 어떤 경로를 통해서든 소비자에게 알려지게 될 것이며, 친환경농산물에 대한 신뢰는 추락하고 말 것이다. 이런 상황은 친환경농업의 발전에 큰 걸림돌이 될 것이다.

일반적으로, 친환경농산물은 일반 농산물보다 비싼 가격에 판매되고 있다. 그런데 만일 친환경농산물에 대한 신뢰가 무너진다고 하면 어떤 상황이 발생하겠는가? 유통과 판매에 큰 어려움이 따를 것이다.

정부에서는 농민들이 겪고 있는 이런 어려움을 해소하고 친환경농업을 장려하기 위해 친환경농업 육성법을 제정하여 예산을 지원하고 있다. 결국, 친환경농업은 정부 지원에 의존하여 명맥을 이어가는 상황이 되어버렸다. 친환경농업이 우리에게 진정한 행복을 가져다주기 힘든 이유가 여기에 있다.

자연농법–화학농업에 대한 저항

"우리는 지구를 보호하고 사랑하고 가꾸기 위해서 이곳에 있는 것이지, 지구를 착취하고 지배하기 위해서 여기에 존재하는 것이 아니다."

농부 철학자 피에르 라비가 한 말이다. 그러나 화학농업에는 지구를 보호하고 사랑하고 가꾸겠다고 하는 철학이 없다. 화학농업은 보호와 사랑이라는 단어와는 거리가 먼 농업이다. 화학농업에는 더 많은 생산을 위해 지구에 대한 더 많은 착취와 지배만이 있을 뿐이다.

앞서 언급한 바와 같이, 친환경농업은 지구를 착취하고 지배하기 위해서가 아니라 사랑하고 보호하고 가꾸기 위해서 등장했다. 그러나 친환경농업은 고비용 저수확의 구조적인 문제점을 가지고 있기 때문에, 그리고 농민들이 생산 제일주의의 개념에서 벗어나지 못하고 있기 때문에, 널리 확산되지 못하고 있다. 그런데 이런 상황을 가정해 보자.

"만일 친환경농업이 고비용 저수확의 구조적인 문제점을 해결할 수 있다면, 그래서 생산비는 적게 들고 수확은 많은 구조, 즉 저비용 다수확의 구조가 될 수 있다면 어떻게 되겠는가?"

이 질문에 대해 대부분 이렇게 대답할 것이다.

"그런 상황은 상상할 수 없다."

이 대답에 대해서 다시 강조해서 묻는다.

"그런데 만일 상상할 수 없는 그런 상황이 실제로 발생한다고 하면 어떻게 되겠는가?"

아마 주저하지 않고 대답할 것이다.

"우리 농업의 혁명이 될 것이다."

생명환경농업 첫 수확 행사에서 내가 농민들을 격려했던 축사 내용의 한 구절을 흥분된 마음으로 소개한다.

"여러분이 시도한 생명환경농업은 친환경농업의 문제점인 고비용 저수확을 저비용 다수확으로 바꾸었습니다."

내가 한 축사 내용의 핵심이 무엇인가? 생명환경농업이 우리 농업의 혁명이라는 사실을 말하고 있지 않은가? 이 얼마나 놀랍고 흥분되는 일인가?

나는 충북 괴산의 자연농업학교에서 조한규 원장으로부터 새로운 농법을 직접 배웠다. 내가 배운 이런 농법을 조 원장은 '자연농업'이라 불렀다. 조 원장의 자연농업은 일본의 후쿠오카 마사노부가 주창한 '자연농법'에 뿌리를 두고 있다는 것이 내 생각이다. 자연농법은 땅을 갈지 않고(무경운), 비료를 살포하지 않으며(무비료), 농약을 사용하지 않고(무농약), 제초를 하지 않는(무제초) 농법으로서 4무농업이라 일컫기도 한다. 후쿠오카 마사노부는 자연에 순응하는 무위(無爲)의 철학으로 이루어 낸 그의 농법을 '짚 한 오라기의 혁명'이라는 책을 통해서 소개하고 있다(그림 16).

후쿠오카 마사노부는 25세의 나이에 직장을 버리고 고향인 에히메현으로 돌아가 농사를 짓기 시작했다. 그는 불필요한 농업기술을 하나씩 버리면서, 반드시 해야만 하는 일이 어떤 것인지 찾으려고 애썼다. 그리고 모든 것이 불필요하다고 하는 소위 무위의 농법에 도달하게 되었다. 그는 말했다.

"농기구는 물론 농약과 비료를 사용하지 않아도 동일한 수량 또는 그 이상의 쌀과 보리를 수확한 실제 사례가 여기 이렇게 여러분의 눈앞에 존재하고 있습니다."

말하자면 비료나 농약을 주지 않았는데도 수확량이 감소하지 않았으며, 오히려 더 많을 수도 있다는 것이다. 반드시 무엇인가를 해야만 하는 것이 아니라, 오히려 아무것도 하지 말아야 한다는 발상의 전환을 보여준 그의 사상과 삶은, 자기 파괴적인 현대 문명에 대한 대안을 찾으려는 세계인들의 높은 관심과 지지를 받았다. 그는 현대의 노자라 불리었으며, 인도, 미국, 필리핀, 캐나다, 아프리카 등 세계 여러 나라에 초대되기도 했다.

내가 조한규 원장으로부터 배운 '자연농업'은 후쿠오카 마사노부의 '자연농법'을 많이 수정한 것이었다. 내가 조 원장으로부터

그림 16 자연농법(4무 농법)을 주장한 후쿠오카 마사노부의 책 '짚 한 오라기의 혁명'

자연농업을 배울 당시, 그는 70대 중반을 넘기고 있었다.

어느 날 이어령 전 문화부 장관과 대화하던 중, 조한규 원장에게서 이 새로운 농법을 배워 실천하고 있다고 말했다. 내 말을 듣고 이 장관은 뜻밖의 말을 했다.

"군수님, 그분 돌아가시기 전에 많이 배워 놓으세요. 한국에서는 그분을 알아주지 않지만, 일본에서는 영웅 대접을 받습니다."

한국에서는 아무도 그를 인정해 주지 않았다. 학계에서도, 관청에서도, 그의 농법을 인정해 주지 않았으며, 검증되지 않는 농법이라고 몰아세웠다. 그런데 이 장관은 나에게 그분 돌아가시기 전에 많이 배워 놓으라고 조언해 주었다.

나는 조 원장의 농법을 인정해 준, 그리고 직접 배운 우리나라 유일한 지방자치단체장이다. 내가 그분을 만나지 않았더라면 지금처럼 농업에 대한 많은 관심과 폭넓은 현장 지식을 가질 수 없었을 것이다.

나는 비료, 농약, 제초제를 사용하지 않았는데 수확량이 감소하지 않았으며, 오히려 더 증가했다고 하는 후쿠오카 마사노부의 주장에는 동의할 수 없다. 아마 조 원장도 나와 같은 입장일 것이다. 최종진 선생의 시 '벼'를 소개한다.

벼

논두렁 길 걸어오는
주인의 발소리에

내 키는 쑥쑥 자라

참새 떼 쫓는
주인의 목소리에
내 낟알은 점점 익어

고개 숙일 때쯤
마침내 나는 죽어
내 주인을 살리느니

농부의 발소리를 들으면서 벼는 자라고 농부의 목소리를 들으면서 벼는 익는다는 구절에 의미를 부여하고 싶다. 농부의 정성으로 벼가 자라고 익는다는 의미이기 때문이다. 그런데 후쿠오카 마사노부의 자연농법은 이러한 농부의 정성을 무위로 돌려버렸다.

사람도 건강을 유지하기 위해서는 단백질과 탄수화물을 비롯한 여러 가지 성분이 포함된 음식을 골고루 먹어야 하며, 적당한 운동도 해야 한다. 농작물도 마찬가지다. 화학농업에서 수확량이 많은 이유는 여러 가지 성분이 포함된 비료를 주고, 잡초를 제거하고, 병해충을 방지해 주는 등 농작물이 잘 자랄 수 있도록 정성을 기울이기 때문이다. 그런데 아무것도 하지 않아도 많은 수확량을 얻을 수 있다고 하니, 아무리 생각해도 이해할 수 없는 말이다. 그리고 있을 수 없는 일이다.

나는 후쿠오카 마사노부가 거짓말을 했다고 생각하고 싶지는 않다. 거짓말을 했다면 세계 여러 나라에서 그를 그토록 존경하고 따르겠는가? 그렇지만 나로서는 그가 주장하는 말을 도저히 믿을 수 없다.

아무것도 하지 않고 그냥 내버려 둔다는 후쿠오카 마사노부의 무위 정신(無爲 精神)을 배척하지는 않는다. 농약을 무자비하게 뿌려대는 화학농업보다 덜 파괴적이며 훨씬 더 인간적이니까 하는 말이다. 그러나 아무것도 하지 않는 것은 농업을 포기하는 것이 아닌가? 그는 말했다.

"농부는 거의 일을 하지 않아도 좋다. 농부가 해야 할 유일한 일은 자연 그 자체가 가지고 있는 생명력을 해치지 않는 것이다."

우리 인류는 오랜 기간 유목 생활을 했다. 이리저리 떠돌아다니며 식물의 열매, 잎, 뿌리를 채집하며 삶을 유지했다. 그때 우리 인류는 식물에 대해서 아무것도 하지 않았다. 그냥 채집했다. 말하자면 후쿠오카 마사노부의 방법이었다.

신석기 시대에 접어들어 정착 생활을 시작하면서 인류는 식물을 재배하기 시작했다. 농작물이 잘 자랄 수 있도록 잡초를 제거하고 퇴비를 주면서 관리했다. 그런데 이런 관리 행위를 하지 말라니! 잡초를 잡초라 부르지 말며, 그 잡초가 농작물과 함께 자라도록 내버려 두라니!

잡초를 제거하고, 퇴비를 주면서, 농작물을 관리하는 것은 농부로서의 최소한의 도리다. 그것을 하지 말라는 것은, 가축의 목숨을 노리는 야생동물과 함께 지내라면서 가축의 울타리를 없애는 것과 무엇이 다르겠는가?

농작물이 그냥 자라도록 아무것도 하지 않는다는 후쿠오카 마사노부의 자연농법은 농부의 권리를 빼앗는 것과 같다. 또한 그것은 농작물을 위하는 것이 아니다. 후쿠오카 마사노부의 자연농법은 농약을 사용하는 화학농업에 대항하는 상징적인 몸부림이며, 소리 없는 외침이었을 것이다.

생명환경농업에서 샘솟는 진정한 행복

후쿠오카 마사노부의 '자연농법'은 농작물에 아무것도 하지 않는 무위의 농법이다. 그 농법은 우리 인류에게 결코 행복을 가져다줄 수 없다. 그렇다면 그는 왜 그런 농법을 주장했을까? 앞서 언급했듯이, 후쿠오카 마사노부의 자연농법은 농약으로 인해 지구 환경이 파멸되어 가고 있다는 사실을 알리기 위한 외침이었을 것이다. 말하자면 농작물과 토양에 악위(惡爲) 또는 해위(害爲)를 하느니 차라리 아무것도 하지 않는 무위(無爲)가 더 낫다는 몸짓이었을 것이다.

그렇다면 가장 좋은 방법은 무엇일까? 즉 어떻게 하는 것이 농작물과 토양에 가장 유익하며, 우리 인간도 행복할 수 있을까? 이 질문에 대한 답을 생각해 보았다.

"농작물과 토양에 선위(善爲)를 행하는 것이다."

우리나라는 '산업혁명'이 완성되자마자 숨 돌릴 틈도 없이 '정보혁명'을 맞이하게 되었다. 산업혁명에서는 기계가 우리의 손발을 '도와주었다'. 그러나 정보혁명에서는 컴퓨터가 우리의 손발은 물론 두뇌까지도 '대신해 주었다'.

대신해 주는 것은 도와주는 것과는 차원이 다르다. 기계는 우리의 손발이 편리하도록 도와주었지만, 컴퓨터는 우리의 손발은 물론 두뇌까지도 불필요하게 만들어 버렸다. 정보혁명에 의한 IT 시대는 이세돌과 알파고의 바둑 대결이라고 하는 코미디 같은 장면이 연출되고, 포켓몬 고가 등장하여 게이머들의 정신을 온통 빼앗아버리면서 절정을 이루었다. IT 시대가 절정을 이루면서 소위 유비쿼터스 혁명이 일어날 것이라고 했다. 유비쿼터스 사회를 이해하기 위해 두 어린이 사이의 이런 대화를 가정해 보자.

"우리 집은 유비쿼터스 아파트야."

"유비쿼터스 아파트가 뭐야?"

"응, 예를 들면 말이야, 내가 외출했다가 돌아와 현관문 앞에 서면 '어서 오세요, 주인님' 하는 소리가 나면서 현관문이 열려. 방에 들어가면 저절로 불이 켜지지. 내가 창 쪽으로 다가서면 커튼이 스스로 쫙 열려. 냉장고 앞에 서면 저절로 냉장고 문이 열려. 그런 게 유비쿼터스 아파트야."

이런 아파트가 과연 필요할까? 현관문의 지문 감식기에 손 한 번 만지는 동작이 그토록 힘든가? 전기 스위치 한 번 누르는 동작이 그렇게 고달픈가? 커튼 한 번 직접 올리는 것, 냉장고 문 한 번 당기는 것이 그토록 어려운가? 손 하나 까딱하지 않고 모든 것이 해결되는 이런 아파트가 우리에게 유익한 아파트이며, 우리가 행복을 느낄 수 있는 아파트일까?

유비쿼터스란 '언제 어디에나 존재한다'는 뜻의 라틴어에서 출발했다. 유비쿼터스 컴퓨팅의 아버지라 불리는 마크 와이저 박사는 사람을 포함하여 현실 공간에 있는 모든 것을 연결하여 사용자에게 필요한 정보나 서비스를 바로 줄 수 있는 기술을 유비쿼터스 컴퓨팅이라고 정의했다. 마치 촘촘히 짜인 실처럼 컴퓨터가 생활의 모든 곳을 연결하여 사람의 다양한 요구를 즉시 만족시켜 줄 수 있는 정보통신 환경을 의미하는 것이다. 즉, 사물인터넷(IoT)의 현실화를 말한다.

유비쿼터스 환경은 오래전 공상과학 만화에서 보았던 일들이 우리 생활에서 현실화한 것이다. 생활 공간 속의 모든 것들이 지능화되고 네트워크화되어, 언제 어디서나 보이지 않게, 마치 산소처럼 인간을 도와주게 된다. IT 환경에서는 모든 사물이 컴퓨터 안에 들어가 있었지만, 유비쿼터스 환경에서는 컴퓨터가 모든 사물 안에 들어가 있게 된다. 이런 환경은 바로 오늘날 우리 사회를 떠들썩하게 만들고 있는 4차 산업혁명을 말하는 것이다. 이런 환경에서 우리는 과연 행복을 느낄 수 있을까?

옛날에는 버스 정류소에서 무작정 버스를 기다려야만 했다. 버스가 일찍 도착하는 행운을 만날 수도 있었지만, 한참을 기다리는 지루함을 감내해야 할 경우도 있었다. 그러나 지금은 스마트폰으로 내가 타고자 하는 버스가 정류장에 몇 시 몇 분에 도착하는지 알 수 있으며, 그 시간에 맞추어 나가면 된다. 정류장 전광판에도 버스 도착 시각에 관한 정보가 나타난다. 따라서 시간을 낭비할 필요가 없다. IT 기술이 우리에게 가져다준 편리함이다. 이처럼 IT 산업의 발전은 우리를 편리하게 해 주었으며, 시간의 효율성도 높여 주었다. 그래서 우리는 어느 정도 행복을 느꼈는지도 모른다.

과유불급(過猶不及)이란 말이 있다. 넘치면 부족함만 못하다는 뜻이 아닌가? IT가 절정에 이르고, 많은 전문가가 유비쿼터스 시대가 온다고 떠들며, 이를 대선 후보들이 4차 산업혁명이라 강조하고, 드디어 정부와 정치권과 언론이 한목소리로 이를 합창하는 지금, 우리는 이 말을 깊이 생각해 봐야 할 것이다.

지능을 가진 모든 사물이 인터넷으로 연결되면서 우리의 손발은 물론 두뇌까지도, 심지어 우리의 감각까지도, 컴퓨터에 의존해야 하는 유비쿼터스 환경에서 과연 우리는 행복을 느낄 수 있을까? 그러한 환경이 진정 우리가 바라는 유토피아의 세계일까? 나는 조용히 결론을 내리고 싶다.

"그때 비로소 우리는 지긋지긋한 디스토피아에 도달해 있음을 느끼게 될 것이다."

IT는 이미 우리의 손발을 불필요하게 만들어 버렸다. 우리의 일자리를 빼앗아가 버렸다는 말이다. 앞으로 우리의 두뇌와 감각까지도 필요 없는 것으로 만들어버리려 한다. 우리의 일자리를 빼앗아간 도구를 개발한 소수의 사람만 많은 부를 축적할 수 있는 세상! 일자리가 없어서 실업자가 증가하고, 그래서 가난한 사람이 많아지는 세상! 그런 세상은 유토피아는커녕 생각도 하기 싫은 디스토피아임이 틀림없다.

그렇다면 우리가 바라는 행복한 세상, 즉 진정한 유토피아의 세상은 어떻게 만들어질 수 있을까? 그런 세상을 만들 수 있는 방법을 겸손한 마음으로 소개한다.

"생명환경농업을 정부 주도로 추진하면 된다. 그리고 생명환경농업을 기반으로 한 LT 산업을 주력산업으로 만들면 된다. 그리하여 우리나라를 세계적인 농업 강국으로 만들고, 동시에 세계적인 LT 강국으로 만들면, 우리가 원하는 진정한 행복을 찾을 수 있으며, 유토피아의 세상을 만날 수 있다."

생명환경농업은 일반 친환경농업과는 달리 저비용 다수확이라고 하는 큰 장점을 가지고 있다. 내가 이런 사실을 말하면 대부분의 사람은 내 말을 믿으려 하지 않는다.

"그건 있을 수 없는 일이야. 친환경농약은 일반 농약보다 훨씬 비싸잖아? 친환경농업에서는 농작물의 수확량도 적어."

생명환경농업을 일반 친환경농업의 한 부류로 취급하면서 나의 주장을 거짓이라고 결론 내려 버린다.

생명환경농업은 환경친화적이라고 하는 면에서는 일반 친환경농업과 방향이 같다. 그러나 접근 방식에서 근본적으로 다르다. 다시 말해서 농작물에 선위(善爲)를 행한다는 사실에서는 같지만, 선위를 행하기 위한 접근 방식이 다르다. 일반 친환경농업의 선위가 '소극적'이라고 한다면, 생명환경농업의 선위는 '적극적'이라고 할 수 있다. 일반 친환경농업의 선위가 '기계적'이라고 한다면, 생명환경농업의 선위는 '인간적'이라고 할 수 있다.

일반 친환경농업에서는 친환경농약을 사서 사용한다. 엄마가 분유를 사서 아기에게 먹이듯이 말이다. 그러나 생명환경농업에서는 농민들이 천연농약을 직접 만들어 사용한다. 따라서 훨씬 더 많은 정성이 들어가는 반면 비용은 훨씬 적게 든다. 아기에게 모유를 수유하면 훨씬 더 많은 정성이 들어가는 반면 비용은 훨씬 더 적게 들듯이 말이다. 생명환경농업이 일반 친환경농업과는 반대로 저비용 다수확이 될 수 있는 이유다.

농부 철학자 피에르 라비는 우리가 이곳에 있는 목적이 지구를 보호하고 사랑하고 가꾸기 위한 것이지, 지구를 착취하기 위한 것이 아니라고 강조하지 않았던가? 생명환경농업에서는 자연과 농작물에 '적극적'이고 '인간적'인 선위(善爲)를 행하려고 노력하며, 그리하여 지구를 소중하게 가꾸는 것을 목표로 한다. 그뿐만 아니라 일반 친환경농업의 문제점을 해결하였다. 따라서 생명환경농업에서는 진정한 행복이 샘솟을 수 있다.

우리가 나아가야 할 방향-고르게 부유하게

"우리에게 희망이 있는가? 우리 자식들이 살아남고, 사람다운 삶을 누리도록 하기 위해 우리가 할 수 있는 것은 공동체를 만들고, 상부상조를 회복하고, 하늘과 땅의 이치에 따르는 농업 중심의 경제생활을 창조적으로 복구하는 것 외에 다른 선택이 없다."

1991년 '녹색평론'이 출간될 때 김종철 발행인이 한 말이다. 그는 또 이렇게 말했다.

"끝없이 팽창하는 산업경제와 산업문화가 물러나고, 새로운 차원의 농업 중심 사회가 재건되는 것만이 생태적, 사회적 위기의 모순을 벗어나는 유일하고도 건강한 길이다."

또한, 김 발행인은 우리가 추구해야 할 방향에 관해서 다음과 같이 말했다.

"이 논리가 근본적으로 옳은 것이라면 우리는 지금보다 훨씬 더 가난해지고, 또 고르게 가난해야 한다. 공존공영이 아니라 공빈공락이 우리가 추구해야 할 방향이다."

나는 조용히 생각해 보았다. 과연 우리가 추구하고 나아가야 할 방향이 공빈공락(共貧共樂)이어야 할까? 왜 고르게 가난해져야만 함께 행복을 누릴 수 있을까? 그가 진정으로 원하는 사회는 함께 가난해지는 사회가 아닐 것이다. 다만, 지나치게 물질을 추구하는 오늘의 우리 사회에 대한 경고였을 것이다. 김 발행인의 고르게 가난해야 한다는 말을 생각하면서, 엠마뉘엘 수녀(그림 17)의 '풍요로운 가난'을 떠올려 본다. 카이로에서 23년을 보낸 후 1993년 프랑스 파리로 돌아온 엠마뉘엘 수녀는 이렇게 생각한다.

"이제 세상에서 가장 가난한 장소를 벗어나, 부유한 나라의 안락함 속으로 들어오게 되었다."

그러나 엠마뉘엘 수녀는 깜짝 놀란다. 가난한 나라에서는 생각조차 하지 못한 갖가지 심각한 문제들이 엄청난 부와 풍요를 누리고 있는 파리에 존재하고 있다는 사실을 발견했기 때문이다. 길거리로 내몰린 실업자들과 노숙자들! 분열된 가정의 불행한 아이들! 버림받은 남편과 아내들! 그 누구도 안전지대에 있지 않았다. 엠마뉘엘 수녀는 자기 자신에게 질문한다.

"카이로의 넝마주이가 느끼는 만족감은 어디에서 오는 것이며, 파리의 부자가 느끼는 불안은 어디에서 오는 것일까?"

그림 17 엠마뉘엘 수녀

부유한 나라의 사람들은 삶을 즐기지 못하고 있었다. 말하자면 마음이 풍요롭지 못했다. 그런데 가난한 나라의 사람들은 기쁨에 가득 차 있었다. 말하자면 마음이 풍요로웠다. 즉 '풍요로운 가난'을 즐기고 있었다. 이를 바라보는 것은 마치 한 편의 드라마를 보는 것 같았다.

우리나라는 지금 국민소득 3만 불 시대에 접어들었다. 이런 우리나라가 국민소득 1만 불이 되어 '고르게 가난해지면서' 우리 모두 행복해질 수 있을까? 그리고 엠마뉘엘 수녀가 말한 '풍요로운 가난'을 누릴 수 있을까? 그것이 우리의 목표가 되는 것이 과연 바람직할까? 국민소득 4만 불이 되면서 '고르게 부자가 되어' 우리 모두 함께 행복해진다면 훨씬 더 좋지 않을까? 엠마뉘엘 수녀의 '풍요로운 가난'이 '풍요로운 부'로 바뀔 수 있으니까 말이다.

김 발행인은 농업 중심 사회가 되면 가난해진다고 생각하는 것 같다. 많은 사람이 그렇게 생각하듯이, 농업은 경쟁력이 없는 산업이라고 생각하는 것 같다. 아니 농업은 산업이 아니라고 생각하는 것 같다. 그래서 김 발행인은 다음과 같이 생각하는 것 같다.

"농업은 우리가 추구하고 나아가야 할 방향이다. 그런데 돈을 벌 수는 없다. 그래서 어쩔 수 없이 가난하게 살아야 한다. 그렇지만 고르게 가난하게, 행복하게 살자."

지금 농사를 짓는 사람들은 대부분 70~80대다. 나이가 더 많아져 농사일을 할 수 없게 되면 논밭을 그냥 내버려 두거나 다른 사람에게 임대한다. 이런 농업으로 큰돈을 벌 것이라고 생각하는 사람은 아무도 없다.

그러나 최근 상황이 많이 달라졌다. 도시 직장을 포기하고 농촌으로 돌아온 젊은이들이 있다. 이런 젊은이들 중에서 후회하는 사람을 나는 보지 못했다. 우선, 일하는 환경이 도시 직장보다 훨씬 좋다. 도시 직장의 환경은 얼마나 답답한가? 농업은 도회지의 얽매인 직장 환경과는 달리 자유롭고 개방적이다. 수익도 도시 직장보다 결코 적지 않다.

여기서 중요한 것은 농업에서는 본인의 노력에 따라 더 많은 수익 창출이 가능하다는 사실이다. 가장 일반적인 벼농사의 경우를 예로 들어 살펴보자. 어떤 젊은이가 7 Ha(21,000평)의 논을 경작한다고 하자. 벼농사의 수익을 평(3.3㎡)당 보수적으로 3,000원으로 잡자. 농약값, 토지임대료, 기계(트랙터, 이앙기, 콤바인, 건조기 등)의 임대료 또는 감가상각비를 합하면 평당 2,000원 정도가 된다. 따라서 평당 순수익은 1,000원이 되는 셈이다. 21,000평 × 1,000원 = 2,100만 원이 된다. 연간 2,100만 원이면 큰 수익은 아니다. 그러나 본인의 노력에 따라서 수익이 더 많이 창출될 수 있다. 예를 들어, 벼를 수확한 다음 그 자리에 보리, 밀, 호맥, 시금치 등 다른 작물을 경작할 수 있다.

평당 순수익을 계산해 보면 보리와 밀은 1,000원, 호맥은 800원, 시금치는 4,000원 정도가 된다. 농작물별로 순수익을 계산해 보면 다음과 같다.

보리와 밀의 경우: 21,000평 × 1,000원 = 2,100만 원.

호맥의 경우: 21,000평×800원=1,680만 원.

시금치의 경우: 21,000평 × 4,000원 = 8,400만 원.

벼 생산에서 얻은 수익 2,100만 원과 이들 작물에서 얻은 수익을 더하면 다음과 같이 된다.

벼+(보리와 밀)의 경우: 4,200만 원.

벼 + 호맥의 경우: 3,780만 원.

벼+시금치의 경우: 1억500만 원.

결코 적은 수익이 아니지 않은가? 벼농사 대신 과수, 시설 채소 등 다른 농작물을 하거나 소, 돼지, 닭, 오리 등과 같은 축산을 할 수도 있다. 이 경우에도 도시 직장보다 많은 수익 창출이 가능하다.

화학농업을 하지 않고 생명환경농업(생명환경축산 포함)을 하게 되면 농약과 항생제로부터 자유로워질 수 있을 것이다. 근무 환경이 훨씬 더 쾌적한 환경으로 바뀔 수 있다는 뜻이다. 생산비도 많이 절감될 수 있으며, 여기서 생산된 농산물과 축산물은 비싼 가격에 판매될 수 있다. 따라서, 수익이 더 많아질 수 있다.

물론 위의 예에서 설명한 내용은 농업에 관한 기본 지식이 있고, 어느 정도 농촌 생활에 익숙한 사람의 경우를 말한 것이며, 현실적인 장애물을 고려하지 않은 것이다. 농촌으로 온다고 해서 이런 상황이 즉시 만들어질 수 있는 것은 아니며, 현실적인 장애물도 있을 수 있다. 따라서 농촌 생활에 관한 기본 지식을 익히는 과정이 필요하며, 노력과 경험을 통한 장애물 극복 과정도 필요하다.

우리 사회에는 기업으로 큰돈을 벌어 재벌이 된 사람은 있다. 그러나 농업으로 큰돈을 벌어 재벌이 되었다는 사람은 아직 들어보지 못했다. 그런 점에서 농업은 구조와 경영만 개선하면 함께, 고르게, 부자가 될 수 있는 산업이다.

농업은 우리가 추구하고 나아가야 할 방향이 분명하다. 다만 '고르게 가난하게'를 '고르게 부유하게'로 바꿀 수 있다면 훨씬 더 좋지 않을까? 엠마뉘엘 수녀의 '풍요로운 가난'을 '풍요로운 부'로 바꿀 수 있으니 말이다. 그 방법은 오직 한 가지, 정부 차원에서 생명환경농업을 전국적으로 추진하는 것이다.

Chapter 3

성스러운 소와 트로이 목마

01
성스러운 소와 트로이 목마

성스러운 소를 죽여야 한다

미국 컬럼비아대 번트 슈미트 교수(그림 18)는 혁신적인 발전을 이루기 위해서는 '타성과 고정관념'을 버리는 것이 중요하다면서 이렇게 말했다.

"힌두교에서 소는 단순한 소가 아니라 숭배의 대상인 '성스러운 소'가 되어 있다. 지금 우리 기업과 조직에 이런 성스러운 소가 없는지 살펴보자. 여기서 성스러운 소란 비판과 의심이 허용되지 않는 관습이나 제도나 관행을 일컫는 말이다. 인도에서 소를 죽인다는 것은 상상도 할 수 없는 일이지만, 우리 기업과 조직에 성스러운 소가 있다면 죽여야 한다. 그래야 기업과 조직이 혁신적으로 발전할 수 있기 때문이다."

성스러운 소를 죽이라는 말은 무슨 뜻인가? 비판과 의심이 허용되지 않는 관습이나 제도나 관행을 버리라는 말이다. 다시 말해서, 우리가 가지고 있는 타성과 고정관념을 버리라는 말이다.

농업에서 농약(화학비료, 합성농약, 제초제)은 비판과 의심이 허용되지

그림 18 번트 슈미트 교수

않는 성스러운 소가 되어 있다. 즉 농사를 짓기 위해서는 반드시 농약을 사용해야 한다고 굳게 믿고 있다. 내가 주장하는 생명환경농업에서는 농약을 사용하지 않으며, 농민들이 직접 만든 천연 농약과 미생물을 사용한다. 따라서 생명환경농업을 실천한다는 것은 우리 농업의 성스러운 소를 죽이는 일이다. 나는 이 성스러운 소를 죽이기 위해서 군수직까지 걸어야 했다. 그리고 마침내 고성에 있는 성스러운 소를 죽이는 일에 성공했다. 즉, 생명환경농업을 성공시켰다. 그리고 나는 정부를 향해 외쳤다.

"경남 고성군에서 생명환경농업을 시도하여 성공했다. 이제 이를 전국으로 확산시키고 정착시키는 것은 정부의 몫이다."

내가 강조한 내용이 무슨 뜻인가? 고성군에 있는 성스러운 소를 죽였으니, 이제 전국에 있는 성스러운 소를 정부에서 죽여 달라는 뜻이다. 농촌 군수인 내가 경남 고성에 있는 한 마리의 성스러운 소는 죽일 수 있어도, 전국에 있는 성스러운 소를 모두 죽일 수 없기 때문에 정부를 향해 외친 절규였다.

내가 고성에 있는 한 마리의 성스러운 소를 죽인다 하더라도, 시간이 지나면 전국에 있는 성스러운 소들이 고성으로 이동해 올 것이다. 따라서 전국에 있는 성스러운 소를 모두 죽여야 한다. 그래야 성스러운 소는 우리나라에 다시 나타나지 않을 것이다. 내가 정부를 향해 목소리를 높인 이유다. 정치권의 모 인사가 내게 말했다.

"생명환경농업이 그렇게 좋은 농업이면 고성군에서 추진하면 되지 않습니까? 왜 굳이 정부더러 추진하라고 합니까?"

그 말은 전국에 있는 성스러운 소를 모두 죽여야만 하는 이유를 모르고 하는 말이다.

생명환경농업은 화학농업이나 일반 친환경농업을 개선하는 것이 아니라, 농업의 패러다임을 완전히 바꾸는 우리 '농업의 혁명'이다. 모든 혁명에는 저항이 따르듯이, 생명환경농업의 추진에도 많은 저항이 있었다.

우리가 믿고 있던 종교를 바꾼다는 것이 쉬운 일이 아니지 않은가? 농사 방법도 일종의 종교와 같았다. 농민들은 수십 년 동안 자신들이 해 오던 농사 방법을 마치 신앙처럼 굳게 붙들고 있었다.

농업에서 농민들이 가지고 있는 고정관념을 보면서, 나는 우리 정치가 만들어 놓은 지역감정을 떠올렸다. 영남지방에서는 보수 정당을, 호남지방에서는 진보 정당을 지지하고 있다. 가만히 생각해 보면 도저히 이해할 수 없는 기막힌 사실 아닌가? 오래전 영남을 대표하는 정치인 김영삼 대통령이 보수 정당을 이끌고 있었고, 호남을 대표하는 정치인 김대중 대통령이 진보 정당을 이끌고 있었다. 그래서 당시에는 그런 지역 정서를 이해할 수 있다고 하자. 그러나 그 두 분은 이미 돌아가셨다. 그런데도 두 지역민의 머릿속에 깊이 박힌 정서는 아직도 변하지 않고 있다. 왜 그 정당을 좋아해야 하는지 그 이유도 모르면서 말이다. 아무 이유 없이 영남 지역 사람들은 보수 정당을 지지하고, 호남 지역 사람들은 진보 정당을 지지한다. 말도 안 되는 정서 아닌가? 그런데도 이 정서를 깨뜨린다는 것이 얼마나 힘든 일인가? 농사를 짓기 위해서는 반드시 농약을 사용해야 한다는 농민들의 고정관념을 깨뜨린다는 것은 마치 선거에서 지역감정을 무너뜨리라고 강요하는 것처럼 힘들었다.

우리 농민들이 가지고 있는 또 하나의 무서운 고정관념 즉 성스러운 소를 소개한다.

"소, 돼지, 닭, 오리 등을 사육하는 축사에서는 악취가 나며, 여기서 발생하는 분뇨는 축산 분뇨 처리시설을 이용하여 처리해야 한다."

그러나 내가 주장하는 생명환경축산의 개방형 축사에서는 가축 분뇨가 미생물에 의해서 발효되어 버리기 때문에 악취가 나지 않으며, 대신 연한 누룩 냄새가 난다. 옛날의 향수를 불러일으키는 거부감 없는 냄새다. 그뿐만 아니라 가축 분뇨를 따로 처리할 필요도 없다. 내가 이런 사실을 말하면 축산을 하는 사람들의 반응은 냉담하다 못해 아주 거칠다.

"지금 농담하는 겁니까? 축사에서 악취가 나지 않는다는 게 말이 됩니까? 가축 분뇨를 처리하지 않아도 된다는 것은 또 무슨 말입니까? 무슨 요술이라도 부릴 수 있단 말입니까?”

말다툼하듯 덤벼오는 이런 사람들을 어떻게 설득할 수 있겠는가? 그래서 필요한 것이 체계적인 교육이다. 생명환경농업과 생명환경축산에 관한 교육, 먹거리의 안전성에 관한 교육, 환경의 중요성에 관한 교육을 함께 해야 한다. 그런 체계적인 교육을 통해 우리 농민들의 머릿속에 뿌리 깊이 박혀 있는 농약에 대한 맹신을 떨쳐내고, 축산에 관한 고정관념도 떨쳐내야 한다. 즉 우리 농민들이 가지고 있는 성스러운 소를 죽여야 한다. 그러나 잘 알다시피 성스러운 소를 죽이고 혁신을 일으킨다는 것이 얼마나 어려운 일인가?

미국 속담 하나를 소개한다.

“Known evil is better than unknown angel”

모르는 천사보다 알고 있는 악마가 더 좋다는 말이다. 변화를 싫어하고 현 상태를 유지하고자 하는 인간의 본성을 꼬집은 것이다. 말하자면 지금 처해 있는 상황보다 새로운 상황이 더 좋다 하더라도, 새로운 상황으로 이동해 가는 것을 싫어한다는 말이다. 타성과 고정관념을 버린다는 것이 얼마나 어렵고 힘든지를 극단적으로 표현한 것이다.

왜 우리 인간은 타성과 고정관념을 깨뜨리기가 그렇게 힘들까? 우리 두뇌의 질량은 몸 전체의 2%에 불과하다. 그러나 가장 편안한 상태에서도 두뇌는 우리 몸 에너지의 약 20%를 소모한다. 그만큼 우리 두뇌가 소모하는 에너지가 많다는 뜻이다. 만일 우리가 어떤 생각에 몰입하면 두뇌의 에너지 소모량은 급격히 증가하며, 우리는 즉시 피로를 느끼게 된다. 그래서 우리 두뇌는 피로를 느끼지 않기 위해서 가능하면 에너지를 적게 소모하려고 한다. 이것이 우리가 타성에 빠지는 이유이며, 고정관념에서 벗어나기 힘든 이유다.

런던 비즈니스 스쿨의 게리 해멀 박사는 소니가 고정관념에 사로잡혀 혁신을 일으키지 못한 원인을 소니의 최상층 경영진이 대부분 50대 이상의 아날로그 세대였기 때문이라고 진단했다. 그래서 소니는 다른 기업에 비해 아날로그에서 디지털로 넘어가는 과정에 더 많은 시간이 걸렸다고 했다.

지금 농촌에서 농사를 짓고 있는 사람들은 70대가 주류를 이루고 있다. 아날로그 중의 아날로그 세대 아닌가? 평생을 지금의 방식으로 농사를 지어온 사람들이다. 그 사람들에게 농업에 관한 고정관념을 버리고 새로운 농사 방법에 도전하여 혁신을 일으키자고 말한다면 얼마나 힘들어하겠는가?

농업에 관해서 농민뿐만 아니라 모든 사람이 가지고 있는 고정관념이 있다.

"농업은 경쟁력이 없다."

아마 대부분의 사람은 어릴 때부터 농업은 경쟁력 없고 매력 없는 산업이라고 들어왔을 것이다. 농사를 천직으로 알면서 평생 농사를 지어온 사람조차 자기 자식은 절대로 농업에 종사하지 못하게 한다. 이것이 농업에 관한 많은 사람의 선입견이며, 이 선입견은 시간이 지나면서 고정관념으로 굳어 버렸다. 성스러운 소가 되어버렸다는 뜻이다.

고정관념은 무섭다. 사찰은 깊은 산 속에 있다고 생각하는 것은 우리가 가지고 있는 고정관념이다. 옛날에 사찰이 깊은 산속에 있었기 때문에 우리가 그렇게 생각해버렸고, 고정관념으로 굳어 버렸다. 그렇지만 요즘은 깊은 산 속보다 시내 한복판에 더 많은 사찰이 있다. 꽃에 관해서도 우리는 고정관념을 가지고 있다. 대부분의 사람은 꽃은 좋은 향기를 가지고 있다고 생각한다. 그러나 그러한 생각은 고정관념일 뿐, 좋은 향기를 가진 꽃은 10%에 불과하며, 90%의 꽃은 냄새가 없거나 나쁜 냄새를 가지고 있다.

이제 우리는 농업에 관한 타성과 고정관념을 과감하게 깨뜨리고 떨쳐버려야 한다. 즉 농업과 관련한 성스러운 소를 모두 죽여야 한다. 우리 농업의 경쟁력을 향상시키기 위해서이며, 우리의 환경을 보호하기 위해서이며, 우리의 건강을 지키기 위해서다.

왜 생명환경농업이라 하는가?

'생명환경농업'이라고 하는 생소한 이름에 대해 이렇게 불평하는 사람이 있었다.

"군수님, 친환경농업이라 하면 되는데, 왜 특별히 생명환경농업이라 합니까? 우리가 헷갈리지 않습니까?"

나는 내가 추진하는 새로운 농업을 친환경농업이라 부르고 싶지 않았다. 만일 그렇게 부르면 사람들은 일반 친환경농업을 머릿속에 떠올릴 것이며, 결코 새로운 형태의 혁신적인 농업이라고 생각하지 않을 것이기 때문이다.

생명이란 단어는 죽음의 반대말로서, 살아 있음을 의미한다. 화학농업으로 인해 죽어가는 지구 환경과 인류 건강을 살려내고 싶었다. 그 방법은 생명이 있는 환경에서 농업이 이루어져야 한다는 것이 내 생각이었다. 그래서 내가 추구하는 농업을 '생명환경농업'이라 부르기로 했다.

농업은 인류가 이리저리 떠돌아다니는 유목 생활을 하다가 한 곳에 머물러 사는 정착 생활로 접어들면서 시작되었다. 유목 시대에 우리 인류는 식물에 열려 있는 열매를 따 먹었으며, 동물도 사냥하여 먹었다. 그러나 정착 생활에 접어들면서 인류는 식물을 키우기 시작했고, 동물도 기르기 시작했다. 이때의 농업을 원시농업이라 일컫는다.

수천 년의 세월이 흐르면서 식물을 키우는 기술과 동물을 기르는 방법이 차츰차츰 발달해 갔다. 집에서 키우는 식물을 농작물이라 부르게 되었고, 집에서 기르는 동물을 가축이라 부르게 되었다. 이렇게 인류 역사와 함께 수천 년 동안 이어져 내려온 농사 방법을 경종농업이라 일컫는다. 논밭을 경작하면서 농작물을 재배하고 관리하는 농업이라는 뜻이다. 경종농업은 오랜 세월을 거치면서 인류의 경험과 지혜가 축적되어 만들어진 것이다.

경종농업의 가장 중요한 특징은 많은 일손이 필요하다는 사실이다. 많은 사람이 모여 살면서 마을이라고 하는 공동체를 형성하게 된 이유가 바로 경종농업의 이러한 특징 때문이기도 하다. 흙을 갈고, 씨를 뿌리고, 물을 공급하고, 퇴비를 주고, 잡초를 제거하고, 수확하는 등 재배와 관리의 모든 과정에 많은 일손을 필요로 했다.

경종농업의 또 다른 특징은 자연에 순응하면서 농사를 짓는다는 사실이다. 농사에 필요한 물을 저장하던 둠벙(그림 19)은 그 대표적인 예다. 자연에 순응하는 우리 조상들의 지혜와 슬기가 가득 담겨 있는 것이 바로 이 둠벙이다. 그러나 둠벙은 지금 거의 사라지고 없으며, 거대한 저수지와 댐이 둠벙을 대신하고 있다. 그러나 저수지와 댐은 둠벙이 하는 생태 보고의 역할을 모두 해낼 수 없다.

경종농업에는 큰 단점도 있었다. 많은 일손이 필요하다는 경종농업의 특징은 경종농업의 커다란 단점이 되어버렸다. 경종농업의 이 단점을 해결하기 위해 등장한 것이 기계농업이다. 농업에 여러 가지 기계들이 등장하여 농사에 필요한 일손을 상상을 초월할 정도로 많이 감소시켰다. 모내기의 경우, 이앙기 한 대가 심는 모의 양은 사람 100명이 심는 양과 같다. 경작을 위한 트랙터, 벼

그림 19 우리 조상들의 지혜가 담긴, 생태계의 보고 둠벙

베기와 탈곡을 동시에 하는 콤바인도 마찬가지였다.

기계농업과 비슷한 시기에 또 하나의 농업이 등장했다. 그 농업이 바로 우리를 불행하게 만든 화학농업이다. 화학농업이 어떻게 우리를 불행하게 만들었는지 퇴비 사용, 병해충 방제, 잡초 제거의 경우를 통해서 각각 살펴보자(p.95 참조).

먼저, 퇴비 사용의 경우를 생각해 보자. 경종농업에서는 농민들이 퇴비를 직접 만들어 사용했다. 여러 종류의 잡초, 짚과 같은 농업 부산물, 음식 찌꺼기, 인분, 가축 분뇨 등 여러 가지를 혼합한 다음 부숙시켜 퇴비를 만들었다. 그러나 화학농업에서는 화학비료를 사서 사용한다. 그 결과 농민들이 직접 만드는 퇴비는 뒷전으로 밀려나고 말았다. 화학비료를 사용하면 일부러 퇴비를 만드는 수고를 하지 않아도 된다. 그러나 화학비료는 토양을 죽음의 흙으로 만들어버림으로써 우리를 불행하게 만드는 결과를 초래하고 말았다.

다음은, 병해충 방제의 경우를 생각해 보자. 경종농업에서는 병해충이 심각한 문제로 부각되지 않았다. 그 이유는 토양이 살아 있었으므로 토양 자체가 병해충에 대한 치유 능력을 가지고 있었으며, 농작물도 병해충에 대한 강한 저항력을 가지고 있었기 때문이다. 멸구를 비롯한 일부 병해충이 발생하기는 했지만, 등유를 사용하여 제거하는 정도였다. 그러나 화학농업에서는 토양이 죽어 있으므로 토양 자체가 병해충에 대한 치유 능력을 가지지 못하며, 농작물 역시 병해충에 대한 저항력이 몹시 약해져 버렸다. 오늘날 인스턴트 식품을 많이 섭취한 어린이가 각종 질병에 대한 저항력이 약한 것과 마찬가지다. 레이철 카슨의 말을 생각하면서(p.206 참조). 이 전쟁이 어떻게 일어나는지 살펴보자.

"어떤 병해충이 발생한다. 그 병해충을 방제할 수 있는 농약이 개발된다. 그 농약을 이겨낼 수 있는 새로운 병해충이 생겨난다. 그 병해충을 박멸할 수 있는 더 강한 농약이 개발된다. 더 강한 농약을 견뎌낼 수 있는 또 다른 병해충이 나타난다."

이 전쟁으로 인해서 농약은 계속 강도가 세어지며, 살포량 역시 증가한다. 그 결과 우리의 건강에 적신호가 켜지고 있으며, 지구 환경에도 어두운 그림자가 드리워지고 있다.

마지막으로, 잡초 제거의 경우를 생각해 보자. 경종농업에서 잡초를 제거하는 도구는 호미와 같은 간단한 도구를 이용한 사람의 손이었다. 사람의 손을 이용한 잡초 제거는 자연을 해치지 않았다. 그러나 화학농업에서 사용하는 제초제는 사정이 전혀 다르다. 제초제를 사용하면 잡초는 아주 효과적으로 제거된다. 그러나 그 효과에 따르는 희생이 너무 크다. 그 희생을 이렇게 표현할 수 있다.

"제초제는 대지에 투하되는 폭탄과 같다."

강한 독성을 가진 제초제는 잡초만 죽이는 것이 아니라 토양에 있는 모든 생명체를 박멸시켜 버린다.

지금 우리나라 개천과 강과 바다의 모든 생물을 사라지게 한 주범이 농업에 사용하는 화학비료와 합성농약과 제초제다. 이 세 가지를 합해서 '농약'이라 통칭한다. 농약은 우리 환경을 죽음의 골짜기로 몰아넣고 있다.

화학농업은 우리를 낳아준 우리 모두의 어머니인 대지에 대한 무자비한 해악 행위다. 이 무서운 해악 행위에 대한 대책을 세워야 한다. 그런데 우리는 당장 눈앞의 이익에 눈이 멀어 그 해악 행위를 외면하고 있다. 후쿠오카 마사노부의 자연농법(p.107 참조)은 이 무자비한 해악 행위에 대한 소리 없는 저항이었다. 그러나 그 농법은 우리 인류가 정착 생활을 하기 이전인 유목 생활의 방식 아닌가? 농작물을 관리하지 말고 그냥 내버려 두라고 하니 말이다.

반면, 화학농업의 잔인함을 해결하기 위해서 탄생한 친환경농업은 경제적인 면에서 경쟁력이 떨어져 널리 확산되지 못하고 있다. 이러한 친환경농업의 문제점을 해결하면서, 화학농업의 문제점도 함께 해결한 농업이 바로 생명환경농업이다(표 1).

표1. 농업의 발전 개요도

유목생활 → 원시농업 → 경종농업 →

기계농업 화학농업 → 자연농업 친환경농업 → 생명환경농업

트로이 목마를 살려내야

번트 슈미트 교수는 또 이렇게 말했다.

"아가멤논은 그리스의 훌륭한 장군이었다. 그러나 똑같은 전법을 되풀이하면서 10년 동안 지루한 전쟁만 계속했을 뿐, 트로

이를 함락시키지는 못했다. 트로이를 함락시킨 사람은 오디세이였다. 트로이에 대형 목마를 선물로 바치면서 그 안에 아군을 숨겨 하룻밤 만에 트로이를 함락시키는 승리를 거두었다(그림 20)."

똑같은 전법에 매달리는 고정관념 때문에 10년 동안 지루한 전쟁만 계속할 뿐 트로이 함락에 실패한 아가멤논과 고정관념을 과감히 탈피함으로써 트로이를 함락시킨 오디세이는, 각각 실패의 이유와 승리의 이유를 분명하게 보여주었다. 그리하여, 오디세이의 트로이 목마는 고정관념의 과감한 탈피가 승리를 가져올 수 있다는 하나의 상징이 되었다.

그림 20 트로이 목마

농업을 지금의 어려움에서 구해낼, 그리고 일자리 창출이라고 하는 사회적 승리를 가져올, 트로이 목마는 무엇일까? 나는 조심스럽게, 그렇지만 자신 있게 말하고 싶다.

"우리 농업의 트로이 목마는 생명환경농업이다."

트로이 목마로 인해 그리스는 '트로이 함락'이라는 승리를 얻을 수 있었다. 생명환경농업을 통해 '농업의 경쟁력 강화'라는 승리를 얻을 수 있다는 것이 나의 주장이다.

그리스 신화에 '시시포스의 저주'라는 이야기가 나온다. 시시포스는 못된 짓을 많이 했기 때문에 그에 대한 벌로 커다란 바위를 산꼭대기로 밀어 올려야만 했다. 그런데 산꼭대기에 이르면 바위는 다시 아래로 굴러떨어진다. 시시포스는 아래로 굴러떨어진 바위를 다시 산꼭대기로 밀어 올려야만 했다. 시시포스는 이 고역을 영원히 되풀이해야만 하는 저주를 받았다.

오늘날 우리 농민들이 시시포스의 저주를 받고 있다는 생각이 든다. 건강과 목숨을 위협하는 농약 살포를 해마다 반복해야 하니 말이다(그림 21). 우리 농민만 그러한가? 농약이 포함된 음식을 반복해서 먹어야 하는 소비자들도 시시포스의 저주에 걸린 것은 마찬가지라는 생각이 든다.

시시포스는 큰 잘못을 저질렀기 때문에 그런 저주를 받았지만, 우리 농민들과 소비자들은 아무 잘못도 저지르지 않았는데 왜 이런 저주를 받아야 할까?

이제, 우리 이 시시포스의 저주를 벗어버리자. 우리가 잘못을 저질러서 벌로서 받게 된 저주가 아니라 우리가 스스로 자초해서

받는 저주 아닌가? 따라서 우리가 마음만 먹으면 언제든지 그 저주에서 벗어날 수 있다. 우리가 해야 할 일은 단 한 가지, 농업에서 성스러운 소를 죽이고 트로이 목마를 살려내는 것이다.

성스러운 소는 농약이다. 트로이 목마는 생명환경농업이다. 따라서 농약 사용을 중단하고 생명환경농업을 추진하는 것이 성스러운 소를 죽이고 트로이 목마를 살려내는 것이다.

아무도 예측하지 못한 아이디어로 트로이를 함락시킨 오디세이의 트로이 목마! 우리 농업에서 생명환경농업은 아무도 예측하지 못한 트로이 목마가 될 것이다. 그런데 그 트로이 목마는 지금 경남 고성군에서 기진맥진한 상태로 연명하고 있으며, 아무도 눈여겨보지 않고 있다. 만일 그 트로이 목마를 살려내면 어떤 결과가 만들어질까?

그림 21 드론을 이용하여 농약을 살포하는 모습

"농업이 경쟁력 있는 신산업으로 새롭게 태어날 것이다."

농업이 경쟁력 있는 신산업으로 태어난다는 말은 무엇을 의미하는가? 우리 사회의 큰 골칫거리인 일자리 문제가 크게 해결될 수 있다는 말이다(p.42, p.193 참조). 어떻게 그것이 가능한지 지금부터 자세히 살펴보자.

육묘 상자, 이앙기, 로터리 등을 비롯한 많은 농업 기계와 장비는 지금의 농업을 기반으로 만들어졌다. 생명환경농업은 우리 농업의 패러다임을 바꾸는 것이기 때문에 농업 기계와 장비를 모두 교체해야 한다. 그 많은 기계와 장비를 생산하기 위한 새로운 일자리가 많이 생길 것이다.

생명환경농업에서 10ha의 논밭을 관리하기 위해서는 3명의 인원이 필요할 것으로 예상된다. 전국의 논밭 면적 160만 ha를 체계화하면 50여만 명의 인력이 필요하다는 계산이 나온다.

생명환경농업에 사용할 미생물, 한방영양제, 천혜녹즙, 천연농약 등의 생산과 연구 개발을 위해서도 많은 시설과 인력이 필요할 것이다. 이 일자리는 새롭게 만들어지는 일자리로서, 그 숫자는 우리가 예측하는 범위를 넘어설 것이다.

제초제 대신 우렁이나 오리를 활용해야 하므로 우렁이나 오리를 기르는 시설과 인력이 많이 필요할 것이다. 그 숫자는 얼마이겠는가?

전국의 논밭에 있는 용수로와 배수로의 시멘트 바닥을 환경친화적인 흙바닥으로 교체하는 사업과 사라져버린 둠벙을 복원하는 사업도 추진해야 한다. 이 사업들을 위해서 필요한 인력은 또 얼마이겠는가?

밀폐형 축사를 개방형 축사로 바꾸는 과정에서도 많은 일자리가 만들어질 것이다. 그뿐만 아니라 생명환경축산에서 반드시 사용해야 하는 미생물과 톱밥 생산을 위한 시설과 장비의 유지 및 관리에도 많은 숫자의 일자리가 창출될 것이다.

생명환경농업을 효과적으로 추진하기 위해서는 조직적이고 체계적인 교육이 이루어져야 한다. 이 일자리 또한 적지 않다.

지금까지 살펴본 바와 같이, 신산업인 생명환경농업을 통해서 우리 사회의 심각한 일자리 문제가 효과적으로 해결될 수 있다.

참으로 흥분되고 가슴 두근거리는 일 아닌가? 청년 실업 문제가 심각한 지금의 상황을 생각하면 더욱더 그렇다. 그러나 나의 이러한 설명을 듣고도 전혀 흥분되지 않고 가슴 두근거리지 않을지 모른다. 그 이유는 농업에서 일하기를 희망하는 사람이 아무도 없을 것이라고 생각하기 때문이다.

지금까지 농업은 청년들이 기피하는 산업이었기 때문에 이러한 반응이 나오는 것은 당연한지도 모른다. 이러한 심각한 상황에서 나는 정중하게 제안한다.

"트로이 목마인 생명환경농업을 정부 주도로 추진하자. 대한민국의 명운을 걸고 범국가적으로 추진하자. 트로이 목마가 그리스에 큰 승리를 안겨 주었듯이, 생명환경농업은 우리에게 큰 승리의 선물을 안겨 줄 것이다."

나는 묻고 싶다. 생명환경농업을 중심으로 한 생명산업(LT) 아닌 다른 어떤 산업에서 청년 일자리 문제를 해결할 수 있는가?

오늘날 많은 사람이 관심을 가지는 컴퓨터, AI, 로봇 등에서 얼마나 많은 일자리가 창출될 수 있는가? 오히려 일자리를 감소시킨다고 생각해 보지는 않았는가?

결론적으로 말해서, 농업을 젊은이들이 가장 선호하는 산업으로 변화시키면서 가장 경쟁력 있고 매력 있는 직장으로 바꿀 수 있는 요술 방망이가 바로 생명환경농업이다. 말도 안 되는 소리하지 말라면서 나를 비웃는 사람이 있을지 모른다. 어쩌면 나를 정신 나간 사람으로 몰아붙일지도 모른다. 그러나 나는 농촌 군수로 재직하면서 직접 시도하여 경험한 내용을 바탕으로 진지하게 말하고 있다.

화학농업이 미래농업이 될 수 없는 이유는 인류 건강을 해치고 지구 환경을 파멸시키기 때문이다. 생명환경농업이 미래농업이 될 수 있는 이유는 인류 건강을 지키고 지구 환경을 보호하면서, 일반 친환경농업이 안고 있는 문제점을 해결했기 때문이다.

화학농업에서는 흙이 죽었기 때문에 농작물이 튼튼하게 자랄 수 없다. 여러 가지 병해충에 시달릴 수밖에 없는 것이 화학농업의 본질이다. 그러나 생명환경농업에서는 흙이 살아 있기 때문에 농작물이 튼튼하게 자랄 수 있다. 병해충의 발생이 적을 뿐만 아니라, 병해충에 대한 농작물의 저항력이 강한 것이 생명환경농업의 본질이다.

화학농업과 생명환경농업의 이러한 차이를 눈으로 확인하고도 화학농업을 고집한다. 도저히 이해할 수 없는 일 아닌가? 런던 비즈니스 스쿨의 도널드 설 교수는 이러한 현상을 '활동적 타성'이라는 말로 설명했다. 파괴적인 기술 혁신이 일어나는 것을 눈으로 보면서도 과거의 성공 방식에 집착함으로써 실패의 늪에 빠져버리는 경우를 일컫는 말이다.

이러한 활동적 타성은 전쟁 역사에서도 그 예를 찾아볼 수 있다. 18세기 초 프로이센군은 사선 전투(斜線 戰鬪) 대형을 잘 활용함으로써 전쟁에서 승리할 수 있었고, 그 결과 유럽의 맹주가 될 수 있었다. 그러나 100년이 지난 1806년 예나 전투에서 프로이센군은 나폴레옹이 이끄는 프랑스군에게 대패하고 말았다. 그 이유는 바로 프로이센군이 자랑하던 사선 전투 대형 때문이었다. 사선 전투 대형은 나폴레옹 군대처럼 여기저기 흩어져 지형지물 뒤에 매복하면서 기습전을 벌이는 변칙적인 전술에는 매우 부적합했다. 그러나 프로이센군에게는 100년 동안 사선 전투 대형이 타성과 고정관념으로 고착되어 있었고, 그 결과 그런 대참패를 맛보았다.

농약은 농사일을 무척 편리하게 만들어 주었으며, 농작물의 수확량도 증가시켰다. 각종 병해충 퇴치와 잡초 제거에도 큰 역할을 했다. 그 결과 농약 사용이 우리 농민들에게 타성과 고정관념이 되어 석고처럼 굳어 버렸다. 프로이센군의 사선 전투 대형처럼 말이다.

우리가 타성과 고정관념에서 벗어나는 것이, 즉 활동적 타성에서 벗어나는 것이 왜 그렇게 힘들고 어려울까? 그 이유는 앞서 설명한 바와 같이 우리 두뇌를 편하게 하기 위해서다. 즉 두뇌는 가능한 에너지를 적게 사용하려는 경향이 있으며, 그 방법의 하나가 타성과 고정관념에 의존하는 것이다.

이러한 현상을 스탠퍼드 대학의 폴 데이비드 교수와 브라이언 아서 교수는 '경로 의존성'이라는 개념으로 설명하고 있다. 우리가 한 번 어떤 경로에 의존하기 시작하면, 나중에 그 경로가 비효율적이라는 사실을 안다고 하더라도, 여전히 그 경로를 벗어나지 못하는 습관을 지니고 있다는 것이다. 농약이 좋지 않은 것을 알면서도 계속 사용하는 이유도 일종의 경로 의존성 때문일 것이다.

이제 활동적 타성과 경로 의존성에서 벗어나는 용기를 발휘하자. 그리하여 농업에 대한 타성과 고정관념을 버리고 혁신을 이루어 내자. 그래야만 농업을 우리 시대의 신산업으로 만들 수 있으며, 대한민국을 세계적인 농업 강국으로 만들 수 있다. 그 일은 농업에서 성스러운 소가 되어 있는 농약을 버리고, 트로이 목마인 생명환경농업을 추진하는 것이다.

현실적이고 합리적인 법 개정

"배우자가 있는 자가 간통한 때는 상간한 자와 함께 2년 이하의 징역에 처한다."

우리 형법 241조의 내용이었다. 그러나 이 법은 2015년 2월 26일 헌법재판소가 위헌 결정을 함에 따라 폐지되었다. 따라서 이 법은 이제 유효한 법이 아니다. 1953년 제정된 이 법은 배우자가 있는 사람이 배우자가 아닌 사람과 성관계를 가진 경우, 그 사람과 상간자를 처벌하기 위한 법 조항이었으며, 배우자의 고소가 있어야만 성립하는 친고죄였다. 이 법은 '법률이 개인의 은밀한 사생활 영역을 규율한다'는 이유로 끊임없이 논란되다가 결국 역사 속으로 사라졌다.

간통했을 경우를 생각해 보자. 2015년 2월 25일까지는 2년 이하의 징역이라는 무거운 벌을 받아야 했지만, 지금은 아무 벌도 받지 않는다. 이 얼마나 커다란 차이인가? 법이란 그만큼 큰 위력을 가지고 있다.

축사 건축과 관련한 법을 살펴보자. '가축 분뇨의 관리 및 이용에 관한 법률 시행규칙 제8조'의 내용을 소개한다.

"처리시설의 천장, 바닥 및 벽은 돌 또는 가축 분뇨 등이 스며들거나 흘러나오지 아니하도록 방수재료로 만들거나 방수재를 사용하여야 한다."

가축이 사는 축사도 이 법에서 언급한 '처리시설'에 포함된다. 따라서 가축이 분뇨를 배설하고 그 분뇨가 쌓이는 축사 바닥도 처리시설에 해당된다.

지금 우리나라에서 축사 건축 허가를 받기 위해서는 축사 바닥을 시멘트로 포장해야 한다. 시행규칙 제8조에 시멘트라는 단어는 없으며, 가축 분뇨 등이 스며들거나 흘러나오지 아니하도록 방수재료나 방수재를 사용하도록 규정하고 있을 뿐이다. 그런데도 현실적으로 시멘트 포장은 축사 건축 허가를 받기 위한 필수 조건이 되어버렸다. 여기서, 다음과 같은 질문을 해 보자.

"시멘트 바닥이 과연 훌륭한 축사 바닥인가?"

축사 바닥을 시멘트로 포장함으로써 가축 분뇨가 땅속으로 스며드는 것은 방지할 수 있다. 그러나 가축 분뇨는 시멘트 바닥에 고여 있거나 묻어 있을 수밖에 없다. 이러한 시멘트 바닥은 온갖 악취를 풍기며, 겨울에는 얼음처럼 차갑다. 이런 환경을 어떻게 표현하는 것이 좋을까? 이 질문에 대한 아주 적절한 답을 말한다.

"가장 불결하고 비위생적인 환경이다."

생명환경축산에서는 축사 바닥을 시멘트로 포장하지 않고, 대신 미생물이 서식하는 미생물 바닥으로 만들었다. 이렇게 질문할 수 있을 것이다.

"축사 바닥을 시멘트로 포장하지 않으면 가축 분뇨가 땅속으로 스며들지 않는가?"

전혀 걱정할 필요가 없다. 가축 분뇨는 배설된 후 1~3일 지나면 미생물에 의해 모두 자연 발효되어 버리기 때문이다. 미생물이 가축 분뇨를 발효시키는 과정에서 열이 발생하므로 바닥의 온도는 겨울에도 20°C 가까이 유지된다. 이 바닥에서 가축들은 편안하게 쉬고, 운동하고, 잠잔다(그림 22). 이런 환경에서 자라는 가축들은 각종 질병에 대한 강한 저항력을 가지고 있다. 그런데 이 훌륭한 미생물 축사 바닥은 심각한 문제점을 가지고 있다. 그 문제점을 부끄러운 마음으로 말한다.

"미생물 바닥은 관계 기관으로부터 건축 허가를 받을 수 없다."

미생물 바닥이 건축 허가를 받을 수 없게 된 경위를 유추해 보았다. 지방자치단체 공무원들은 법 해석에 어려움이 있으면 중앙부처에 질의한다. 축사 바닥에 관한 규정도 그런 이유로 질의했을 것이다. 질의는 이런 내용이었을 것으로 짐작된다.

“가축 분뇨의 관리 및 이용에 관한 법률 시행규칙 제8조의 내용 중에 ‘방수재료로 만들거나 방수재를 사용하여야 한다’라고 하는 부분을 구체적으로 설명해주시기 바랍니다.”

이 질문을 받은 중앙부처의 담당 공무원이 미생물 바닥의 놀라운 효능에 대해 알고 있지는 않았을 것이다. 그 공무원은 축사 바닥을 시멘트로 포장하는 것이 무난하다고 생각하고 다음과 같이 대답했을 가능성이 있다.

“축사 바닥을 시멘트로 포장하면 됩니다.”

시간이 지나면서 시멘트 바닥은 관행으로 굳어졌을 것이며, 축사 건축 허가를 받기 위한 필수 조건이 되어버렸을 것이다. 그렇다면 우리 축산의 획기적인 발전을 위해서 어떻게 해야 할까? 나

그림 22 미생물 바닥에서 돼지는 본능적인 활동을 할 수 있다

는 용기를 내어 주장한다.

"시멘트 바닥은 우리가 죽여야 할 성스러운 소다. 미생물 바닥을 트로이 목마로 만들어야 한다."

번트 슈미트 교수는 성스러운 소를 죽이고 트로이 목마를 살려야 우리 조직이 혁신적인 발전을 할 수 있다고 하지 않았던가? 그런데 어떻게 그 성스러운 소를 죽이고 트로이 목마를 살려낸단 말인가? 현실적으로 가능한 유일한 방법을 말한다.

"축사 건축과 관련한 법을 개정해야 한다."

법을 개정하지 않고는 성스러운 소가 되어 있는 시멘트 바닥을 없앨 방법이 없으며, 미생물 바닥을 트로이 목마로 만들 방법도 없기 때문이다. 2015년 2월 26일부터 간통죄는 역사 속으로 사라졌다. 축사 바닥을 시멘트로만 할 수 있도록 했던 이 법도 이제 역사 속으로 보내버려야 한다.

법 개정의 내용을 개략적으로 정리해 본다.

"축사의 천장과 벽은 햇빛이 잘 들어오고 공기가 쉽게 통할 수 있도록 개방형으로 만들어야 한다. 축사 바닥은 가축 분뇨가 쉽게 발효될 수 있도록 미생물 바닥으로 해야 한다. 이때 바닥의 깊이는 돼지 100㎝, 소 30㎝, 닭 및 오리 10㎝ 이상이어야 한다."

햇빛이 잘 들어오고 공기가 시원하게 통과하는 개방형 축사 구조! 생각만 해도 가슴이 탁 트이지 않는가? 위생적인 미생물 바닥에서 가축들이 좋아 뛰노는 모습도 눈에 선하지 않은가? 구제역이나 AI로 인해 생매장당할 염려가 없으니, 가축들이 즐거워하며 환호하는 소리가 들리는 것 같지 않은가?

02

사우스웨스트 항공에서 배운다

화학농업 농민들의 불평

모내기가 한창 진행 중인 2008년 5월 말, 화학농업을 하는 농민들은 생명환경농업을 하는 농민들을 우려의 눈으로 바라보고 있었다. 어리석은 사람들이 큰 실수를 하고 있다면서 혀를 차기까지 했다.

"저 사람들 정신 나간 사람들이야. 농사를 수십 년 동안 지어온 사람들이 왜 저러는지 모르겠어. 농사일을 제대로 알지 못하는 군수 말을 믿고 1년 농사를 망치다니."

"농사는 농사의 원리를 아는 농사꾼이 짓는 거야. 공룡엑스포는 그냥 밀어붙였지만, 농사는 그렇게 안 되지."

고성군의 생명환경농업 논 면적은 163ha로서 고성군 전체 논 면적 7,000ha의 2%를 조금 넘어서는 면적이었다. 대다수 농민은 여전히 농약을 사용하는 화학농업을 하고 있었다. 모내기 후 텅 비어 보이는 논 앞에서 한숨짓는 생명환경농업 농민들을 보면서 화학농업 농민들은 목소리를 더욱 높였다.

"역시 우리가 잘 판단했어. 생명환경농업인가 뭔가 따라 했으면 1년 동안 한숨만 쉬면서 살 뻔했잖아?"

그런데 2주일이 지나면서 상황이 바뀌기 시작했다. 생명환경농업 논에서 '조용한 혁명'이 일어나고 있었기 때문이다. 생명환경농업 논의 벼 포기에서 발생한 분얼이 바로 그 '조용한 혁명'이다. 분얼이란 벼 포기에서 줄기 수가 증가하는 현상을 일컫는 농업 용어다. 이러한 분얼은 화학농업에서도 일어난다. 그러나 그 경우 모내기 약 4주 후부터 시작되며, 포기당 줄기가 2배 정도 증가할 뿐이다. 그런데 생명환경농업의 경우에는 모내기 약 2주 후부터 시작되었으며, 포기당 줄기가 10배 정도로 아주 많이 증가했다. '조용한 혁명'이라는 표현을 사용한 이유다.

수십 년 동안 농사를 지어온 농민들이었지만 이런 현상은 한 번도 본 적이 없었다. 생명환경농업 농민들은 흥분의 도가니에 빠져들었다.

"이것 봐, 벼 줄기가 엄청나게 많이 증가했어. 그리고 말이야, 줄기가 부채꼴 모양으로 벌어지고 있어. 난생처음 보는 신기한 일이야!(그림 23)"

"벼 뿌리도 땅속 깊이 박혀 있어!(그림 34) 온 힘을 다해서 뽑아도 잘 안 뽑혀! 정말 놀라운 일이야!"

"난 말이야, 모내기하고 나서 얼마나 걱정했는지 몰라. 바로 후회가 되었어."

"나도 마찬가지였어. 1년 농사 망친다고 생각하니 앞이 캄캄해졌어. 군수 얼굴도 보기 싫어졌다니까!"

모두 들뜬 목소리로 지금의 상황과 생명환경농업을 처음 시작했을 때의 심정을 앞다투어 풀어놓기 시작했다. 군대를 제대한 사람들이 군대 경험을 마치 개선장군처럼 이야기하는 것과 같은

〈화학농업〉
직립형태를 가짐
- 일조량과 통풍이 원할하지 않음

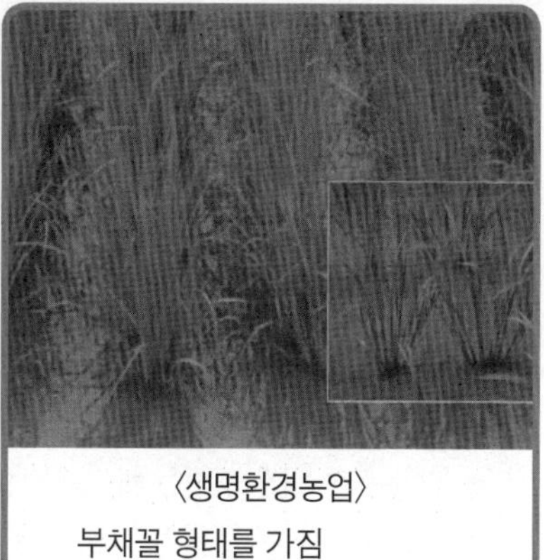

〈생명환경농업〉
부채꼴 형태를 가짐
- 일조량과 통풍이 원할함

그림 23 화학농업과 생명환경농업의 분얼 과정 비교

그림 24 화학농업 논과 생명환경농업 논의 모습 비교

모습이었다.

생명환경농업 논을 바라보다가 화학농업 논을 바라보면 답답하게 느껴졌으며, 생명이 없는 죽은 논처럼 보였다. 모내기 후 텅 비어 보였던 생명환경농업 논이 화학농업 논보다 더 푸르고 생기 있게 변한 모습을 보고(그림 24) 더 놀란 사람들은 오히려 화학농업 농민들이었다

"아니, 이게 어찌 된 일이야? 텅 비어 보였던 논이 어떻게 이처럼 푸르게 변할 수 있어? 뭔가 잘못된 거야."

"내가 이래 봬도 농사를 수십 년 동안 지어온 사람이야. 이런 말도 안 되는 일이 어떻게 일어날 수 있어?"

일반적인 상식으로는 도저히 이해할 수 없는 일이 바로 눈앞에서 일어나고 있었다. 자신의 눈을 믿고 싶지 않았으며, '세상에 어떻게 이런 일이!'란 말만 계속 되풀이했다. 불과 2주일 전까지만 해도 의기양양하게 목소리를 높이면서 생명환경농업 농민들을 어리석은 사람들이라고 몰아세우기까지 했던 사람들이었다. 화학농업 농민들의 놀라움은 부러움으로 변했고, 그 부러움은 생명환경농업에 대한 시기심으로 변해갔다.

"농민들이 농사를 짓는 것이 아니고 군청에서 농사를 짓고 있잖아? 공무원들이 생명환경농업 논에 출근을 하고 있어!"

"예산을 지원하려면 똑같이 해야지, 왜 생명환경농업에만 돈을 마구 퍼붓는 거야?"

우려했던 생명환경농업이 성공했으면 축하해 주어야 할 것 아닌가? 그동안 마음고생 많았다면서 어깨를 두드려 주어야 할 것

아닌가? 앞으로 우리 농업의 방향을 생명환경농업으로 바꾸자고 말해야 할 것 아닌가?

그것이 내가 기대했던 상황이었다. 그러나 그러한 나의 기대는 허무하게 빗나가고 말았다. 오히려 생명환경농업의 성공을 시기하고 질투했다. 그리고 행정을 비난하기 시작했다. 여기서 화학농업 농민들이 불평하는 내용은 크게 두 가지다.

첫 번째 불평 내용은 행정에서 생명환경농업에만 많은 관심을 가진다는 것이다. 가만히 생각해 보라. 화학농업에는 많은 관심을 가질 이유가 없지 않은가? 수십 년 동안 지어온 농사 방법이기 때문에 굳이 행정에서 많은 관심을 가지지 않아도 된다. 그러나 생명환경농업은 아무도 시도해 보지 않은 새로운 농사 방법이다. 캄캄한 어둠 속에서 모르는 길을 걷고 있는 것처럼 한 치 앞을 내다볼 수 없다. 그러니 전 행정력을 동원할 수밖에 없지 않은가?

두 번째 불평 내용은 예산 지원 문제다. 농업에는 행정에서 많은 예산을 지원하고 있다. 예를 들어, 농기계를 살 경우 본인이 50%를 부담하고 행정에서 50%를 지원하는 등의 방법으로 예산을 지원하고 있다. 그런데 화학농업에서는 필요한 농기계를 이미 가지고 있는 상태다. 그러나 생명환경농업은 처음 시도하는 방법이기 때문에 농기계를 새로 사야 한다. 이 예산을 행정에서 지원해주었다. 이러한 예산 지원에 대해서 화학농업 농민들이 시기하면서 불평하고 있었다.

어떤 특별한 병을 가진 환자들이 있다고 가정해 보자. 이 환자들이 가지고 있는 병은 수술하지 않고는 완치될 수 없는 병이다. 그러나 아직 아무도 수술을 시도해 본 적이 없다. 그런데 어떤 의사가 수술을 시도하겠다고 나섰다. 그 의사는 수술에 성공할 수 있다고 자신 있게 말했다. 그러나 처음 시도하는 수술이기 때문에 아무도 성공을 확신할 수 없었다. 그래서 환자들이 수술받기를 꺼리고 있었다. 그런데 환자 중에 수술을 받겠다고 자원한 용감한 환자가 있었다. 혹시 수술이 잘못되어 생명을 잃을 수도 있지만, 그런 위험을 무릅쓰고 결심을 했다.

수술을 받기 위해서는 의사의 특별한 관심이 필요하며, 별도의 돈도 필요하다. 특히, 아직 한 번도 시도해 본 적 없는 수술이니 더욱더 그렇다. 여기서 수술을 받지 않는 다른 환자들이 이렇게 불평한다고 생각해 보자.

"왜 저 환자에게만 많은 관심을 가지며, 별도의 의료비를 지원해주느냐?"

이게 합당한 불평인가? 자기들도 수술을 받으면 똑같은 관심을 받게 되고, 똑같은 의료비를 지원받게 된다. 그런데 수술은 거부하면서 이렇게 불평만 하고 있으니 말이다.

지금 우리 농업은 심각한 병을 가지고 있다. 수술을 하지 않고는 완치될 수 없는 병이다. 그러나 아직 아무도 수술을 시도해 보지 않았다. 그래서 지금 링거주사에 의해서 억지로 생명을 연장해 나가고 있다.

이때 내가 농업을 수술하겠다고 나섰다. 나는 성공할 수 있다고 자신 있게 말한다. 그러나 대부분의 농민은 나를 믿지 못한다.

만일 시도했다가 실패하면 1년 농사를 망치게 될 것이다. 그런 이유로 선뜻 나서지 못하고 있다.

그런데 300여 농가가 농업의 수술을 받겠다고 나섰다. 그래서 이들에게 특별히 관심을 가지고 지도했으며, 필요한 예산을 지원해주었다. 이를 지켜본 화학농업 농민들이 불평하고 있었다. 수술을 거부한 환자들이 불평하듯이 말이다.

생명환경농업의 보너스 선물

'생명환경농업 첫 수확'을 축하하는 행사에서 내가 농민들을 격려했던 축사 내용의 한 구절을 소개한다.

"생명환경농업을 성공시킨 여러분은 이 시대의 영웅입니다!"

내가 영웅이라는 말을 주저하지 않고 자신 있게 사용한 이유는 생명환경농업이 우리 농업의 패러다임을 바꾸는 혁명이라는 확신을 가졌기 때문이다.

먼저, 생산비를 크게 감소시켜 일반 친환경농업의 고비용을 저비용으로 바꾼 혁명이다. 친환경농약은 일반 농약보다 가격이 2배 이상 비싸다. 따라서 일반 친환경농업은 화학농업에 비해 비용이 2배 이상 더 많이 들 수밖에 없다. 그러나 생명환경농업은 생산비가 화학농업의 60% 정도다. 농약을 사지 않으며 농민들이 천연농약을 직접 만들어 사용하기 때문이다. 따라서 생명환경농업은 일반 친환경농업에 비해 생산비가 4배 정도 저렴하다는 결론이 나온다. 우리 농업을 저비용 농업으로 바꾼 혁명이 아니고 무엇인가?

다음은, 수확량을 많이 증가시켜 일반 친환경농업의 저수확을 다수확으로 바꾼 혁명이다. 모내기 2주 후 벼가 분얼하여 포기당 줄기 수가 많이 증가하는 기적 같은 일에 대해서는 이미 설명했다(그림 23). 이렇게 질문할지도 모른다.

"포기당 줄기 수는 많아졌지만, 평당 포기 수를 적게 심었으니 수확량은 적을 수밖에 없지 않은가?"

만일 또 하나의 기적이 없었다면 이 질문에 대답할 수 없었을 것이다. 그 또 하나의 기적을 말한다.

"이삭줄기당 벼 낟알 수가 일반 농업보다 약 1.5배 많다."

일반적으로 이삭줄기당 벼 낟알 수는 평균 100개 정도다. 그런데 생명환경농업에서는 이삭줄기당 벼 낟알 수가 평균 150개 정도다. 포기당 줄기 수가 많고 이삭줄기당 낟알 수가 많기 때문에 평당 포기 수는 적지만 더 많은 수확량을 얻을 수 있다. 생명환경농업의 벼 줄기는 마치 갈대 줄기처럼 튼튼하다. 줄기가 튼튼하지 않으면 많은 수의 낟알을 가질 수 없으며, 많은 낟알의 무게를 지탱할 수도 없다. 우리 농업을 다수확 농업으로 바꾼 진정한 혁명이 아니고 무엇인가?

생명환경농업이 우리 농업의 패러다임을 바꾸는 혁명이라고 하는 사실 못지않게 중요한 또 하나의 사실이 있다. 그것은 우리 농업을 환경을 해치는 농업에서 환경을 살리는 농업으로 바꾼다고 하는 사실이다. 일반 친환경농업이 미처 이루어 내지 못한 역할을 해내는 셈이다.

일반 친환경농업에서는 친환경농약을 사서 사용한다. 반면, 생명환경농업에서는 농민들이 천연농약을 직접 만들어 사용한다. 여기서 바로 이렇게 말할지 모른다.

"생명환경농업이 생산비가 저렴하고 수확량이 많다는 사실은 이해된다. 그러나 일반 친환경농업이 미처 이루어 내지 못한 역할을 해낸다는 말은 이해가 되지 않는다. 친환경 농약이 천연농약으로 바뀐 것 뿐이니까."

지금부터 일반 친환경농업이 미처 이루어 내지 못한 역할을 생명환경농업이 어떻게 해내는지 살펴보기로 하자.

일반 친환경농업의 산파식 모에 비해 생명환경농업의 점파식 모는 모내기 후 훨씬 더 빨리 곧게 일어설 수 있다. 그 이유는 모내기 과정에서 뿌리가 손상을 입지 않기 때문이지만, 육묘 기간이 10일 정도 더 길므로 모가 성장을 많이 하여 튼튼하기 때문이기도 하다(제4장 참조). 혹시 이렇게 말할지도 모른다.

"산파식에서도 육묘 기간을 10일 더 길게 하면 되지 않은가?"

대단히 미안하지만, 그것은 불가능하다. 만일 산파식에서 육묘 기간을 10일 더 길게 하면 모가 더 크게 성장하면서 뿌리는 더 많이 엉킬 것이다. 따라서 모내기 과정에서 뿌리의 손상은 더 심할 것이며, 벼가 곧게 일어서는 데에 더 많은 시간이 걸릴 것이기 때문이다. 이러한 사실은 무엇을 의미하는가? 생명환경농업에서는 벼가 튼튼하고 건강하게 자랄 수 있는 조건이 만들어졌다는 뜻이다.

벼가 튼튼하고 건강하게 자랄 수 있는 또 하나의 이유가 있다. 그 이유는 평당 포기 수를 적게, 포기당 줄기 수를 적게, 심었다는 사실이다. 즉 듬성듬성하게, 적게, 심었다는 말이다. 벼 포기와 잎에 햇빛이 많이 들고 바람이 잘 통할 수 있는 조건이다(그림23). 여기서 또 이렇게 질문할지 모른다.

"포기당 줄기 수가 10배 정도 증가하여 20줄기 이상으로 분얼되면, 햇빛이 들기 더 어렵고 공기가 통하기 더 힘든 상황이 되지 않은가?"

당연히 그렇게 생각할 수 있을 것이다. 그런데, 그렇지 않은 이유가 있다.

"일반 농업에서는 벼가 직립형으로 분얼하지만, 생명환경농업에서는 부채꼴로 분얼하기 때문이다(그림 23)."

줄기 수는 크게 증가했지만, 여전히 햇빛이 많이 들고 공기가 잘 통할 수 있는 형태가 되어 있다는 뜻이다. 이 얼마나 놀라운 상황인가? 위의 설명을 근거로 하여 생명환경농업 벼를 이렇게 표현할 수 있다.

"생명환경농업 벼는 각종 병해충에 대한 강한 저항력을 가지고 있다."

이번에는 일반 친환경농업의 경우를 생각해 보자. 우선 모내기 때 뿌리가 상처를 입는다. 또한, 촘촘하게 심고 분얼이 직립으로 되어 햇빛이 잘 들 수 없고 공기가 잘 통할 수 없다. 이러한 사실을 근거로 하여 일반 친환경농업 벼를 이렇게 표현할 수 있다.

그림 25 잡초를 제거하기 위한 우렁이 농법

"일반 친환경농업의 벼는 각종 병해충에 대한 저항력이 약하다."

논의 잡초를 제거하는 작업은 모내기 후 약 45일 동안만 하면 된다. 그 이후에는 벼가 크게 성장하여 잡초가 자랄 수 없는 환경이 되어버리기 때문이다. 따라서 약 45일 동안만 오리 농법 또는 우렁이 농법으로 잡초를 제거하면 된다.

오리 또는 우렁이를 이용하여 잡초를 제거하는 동안에는 농약을 사용할 수 없다. 농약으로 인해 오리나 우렁이가 죽을 수 있기 때문이다. 이 부분에서는 일반 친환경농업과 생명환경농업이 똑같다(그림 25).

그러나 오리 또는 우렁이의 역할이 끝난 후, 일반 친환경농업에서 병해충이 발생하여 친환경농약으로 방제가 잘 안 될 경우 일반 농약을 사용하고 싶은 강한 유혹을 받을 수밖에 없다. 그 유혹을 뿌리친다는 것이 얼마나 힘들겠는가?

그러나 생명환경농업에서는 앞서 설명했듯이 농작물이 각종 병해충에 대한 강한 저항력을 가지고 있기 때문에 병해충 발생이 적으며, 따라서 천연농약만으로 방제가 가능하다.

설령 병해충이 발생한다고 하더라도 구조적으로 농약을 사용할 수 없게 되어 있다. 그 이유는 토양에 미생물이 서식하기 때문이다. 미생물은 생명환경농업에서 가장 중요한 핵심이다(그림 26).

만일 생명환경농업에서 병해충이 발생한다고 가정하자. 그리

그림 26 한승수 국무총리가 미생물 배양 과정을 살펴보고 있다.

고 농약을 사용하고 싶은 유혹을 이기지 못해 농약을 사용한다고 가정하자. 어떤 현상이 발생하겠는가?

"토양에 서식하고 있는 미생물이 모두 사라지고 말 것이다."

이렇게 되면 더는 생명환경농업이 아니다. 이 말은 생명환경농업에서는 농약 사용이 원천적으로 불가능하다는 뜻이다. 일반 친환경농업이 미처 이루어 내지 못한 지구 환경 보호의 역할을 생명환경농업이 해낼 수 있는 중요한 이유다. 이 역할은 생명환경농업이 우리에게 주는 보너스 선물이다.

사우스웨스트 항공에서 배운다

'가축 분뇨의 관리 및 이용에 관한 법률 시행규칙 제8조'는 왜 만들어졌을까? 축산의 형태가 소규모 가정형 축산에서 대규모 공장형 축산으로 바뀌면서 가축 분뇨 처리가 심각한 사회 문제로 등장했기 때문이다.

옛날에는 가정마다 소, 돼지, 닭, 오리 등을 몇 마리씩 키웠다. 축사에서 발생하는 분뇨가 환경 오염을 일으키지 않았으며, 따라서 사회적인 문제로 부각되지 않았다. 그러나 오늘날의 축산은 그 형태가 완전히 바뀌었다. 소규모 가정형 축산은 거의 찾아볼 수 없으며, 수천 또는 수만 마리를 키우는 공장형 축산이 주류를 이루고 있다.

공장형 축산은 가축 분뇨로 인한 심각한 환경 오염을 일으킬 수 있다. 수천, 수만 마리의 가축으로부터 나오는 분뇨는 잘못 관리하면 환경을 크게 해칠 수 있기 때문이다. 이를 방지하기 위한 법이 앞서 소개한 시행규칙 제8조다.

이 법이 만들어진 이유는 가축 분뇨가 땅속으로 스며들어 지하수를 오염시키는 것을 방지하기 위해서다. 축사 준공 허가를 받기 위해서 축사 바닥을 시멘트로 포장해야 한다는 것은 바로 이 법에 근거한 것이다.

시멘트 축사 바닥에서 대량으로 발생하는 가축 분뇨는 축산폐수 처리시설에 의해 처리되고 있다. 정부와 지방자치단체에서 축산폐수 처리시설을 만들기 위해 많은 행정력을 쏟고 있는 이유가 여기에 있다.

그러나 축산폐수 처리시설을 만든다는 것은 말처럼 쉬운 일이 아니다. 그 이유는 우리 사회에 만연해 있는 님비현상 때문이다. 가축 분뇨를 처리하기 위한 축산폐수 처리시설의 필요성은 모두 인정한다. 그러나 그 시설이 우리 지역에 들어서는 것은 절대 반대한다. 참으로 해괴한 논리 아닌가? 축산폐수 처리시설이 만들어진다고 하더라도, 그 시설을 유지하고 관리하는 데 많은 경비가 소요된다.

공장형 축산에서 발생하는 이 문제를 어떻게 해결할 수 있을까? 아무리 머리를 쥐어짜고 고민해 본들 뾰족한 답이 나오지 않는다. 바로 이 상황에서 나는 용기를 내어 말한다.

"생명환경축산에 그 답이 있다."

나의 이 말에 대해서 이렇게 반응할지 모른다.

"무슨 뚱딴지같은 소리를 하는가? 가축 분뇨 처리가 얼마나 심각한 문제인 줄 잘 모르는 모양이군. 그 답이 생명환경축산에 있다니 말도 안 되는 소리야."

생명환경농업 연구소 안에 축사를 건립할 계획을 세웠다. 축사 건립 소식이 전해지자 인근 마을에서 강력하게 반대했다. 가축 분뇨로 인해서 악취가 날 것이라는 우려 때문이었다. 공장형 축사를 생각하면 당연히 있을 수 있는 반대였다. 만일 악취가 나면 축사를 철거하겠다는 약속을 하고, 주민들의 반발을 잠재울 수 있었다.

소, 돼지, 닭을 사육하기 시작하자 마을 주민들은 신경을 곤두세워 냄새를 관찰했다(그림 27). 축사를 관찰한 주민들은 벌어진 입

그림 27 생명환경축사를 관찰하는 지역 주민들

을 다물지 못하고 감탄사를 연발했다.

"소, 돼지, 닭을 사육하는데 어떻게 악취가 나지 않는 거야? 가축 분뇨는 또 어디로 사라졌어? 참으로 이해할 수 없는 일이야!"

이 상황을 잘 생각해 보라. 이렇게 해석할 수 있지 않은가?

"생명환경축산을 실천하면 가축 분뇨 처리 문제가 해결될 수 있으며, 따라서 축산폐수 처리시설도 필요 없다."

얼마나 놀라운 사실인가? 우리 사회의 골칫거리인 가축 분뇨 처리 문제가 해결되어 버리니 말이다.

그런데 우리가 전혀 예상하지 못한 장애물이 우리 앞을 가로막고 있다. 바로 시행규칙 제8조다. 이 법에 근거하면 축사 준공 허가를 받기 위해서는 축사 바닥을 시멘트로 포장해야 하며, 미생물 축사 바닥은 준공 허가를 받을 수 없기 때문이다.

여기서 시행규칙 제8조의 내용을 축사 바닥과 관련하여 풀어서 살펴보자.

"축사 바닥은 가축 분뇨가 스며들거나 흘러나오지 않도록 돌, 방수재료, 방수재를 사용해야 한다."

이미 언급한 바와 같이, 중앙부처를 비롯한 관련 공무원들은 이 기준에 맞는 축사 바닥이 시멘트 바닥인 것으로 유권 해석하고 있다(p.146 참조). 따라서 미생물 바닥은 환경법 위반이 되는 셈이다. 우리 축산이 안고 있는 분뇨 처리 문제를 해결할 수 있는 미생물 바닥은 환경법 때문에 꼼짝달싹할 수 없는 상황이 되어버렸다. 이 얼마나 한심스러운 일인가? 환경법 때문에 환경 문제를 해결하지 못하는 우스꽝스러운 일이 벌어지고 있으니 말이다!

그러나 깊이 생각해 보면 미생물 바닥은 다른 이유 때문에 꼼짝달싹할 수 없는 처지가 되어버렸다는 사실을 알 수 있다. 그 다른 이유를 말한다.

"공무원들의 닫힌 사고방식 때문이다."

해당 부처의 공무원들은 나의 이런 표현에 대해 항의할지 모른다. 그러나 그 항의가 정당한 항의인지 생각해 보자.

먼저, 미생물 바닥은 '가축 분뇨가 스며들거나 흘러나오지 않도록 해야 한다'는 구절 즉 법의 목적에 가장 잘 부합된다고 말할 수 있다. 축사 바닥에 배설된 가축 분뇨가 미생물에 의해 발효되어버리며, 스며들거나 흘러나올 염려가 없기 때문이다(p.148 참조).

이번에는 '돌, 방수재료, 방수재를 사용해야 한다'는 구절을 생각해 보자. 돌과 방수재료와 방수재는 가축 분뇨가 스며들거나 흘러나오지 않게 하기 위한 수단이며, 법의 목적은 아니다. 그런데 수단으로 이 세 가지만 명시해 놓은 것이 문제다. 만일 수단에 미생물 바닥이라는 표현이 있었다고 하면 아무 문제가 없을 것이다.

그렇지만 방법이 전혀 없는 것은 아니다. 미생물 바닥은 돌이 아니므로 그 부분은 생각하지 말자. 따라서 미생물 바닥을 방수재료 또는 방수재라고 생각할 수 있느냐의 여부만 생각하면 된다. 미생물 바닥은 '가축 분뇨가 스며들거나 흘러나오지 않아야 한다'는 목적을 훌륭하게 수행하고 있으므로 방수재료 또는 방수재라고 해석해야 마땅하다. 바로 이 부분에서 관련 공무원들은 마음의 문을 닫고 있으며, 해석의 융통성을 발휘하지 않는다.

'칭찬은 고래도 춤추게 한다'의 저자 캔 블랜차드가 여행 중에 겪었던 일화를 소개한다. 어느 날 공항에 도착하여 항공권을 발급받으려고 했을 때 신분증을 가지고 오지 않은 것을 알게 되었다. 궁여지책으로 공항 서점에 가서 자신이 저술한 책을 한 권 샀다. 그리고는 항공사 카운터에 가서 표지에 실린 자신의 사진을 보여주면서 말했다.

"깜박 잊고 신분증을 가져오지 않았습니다. 대신 제가 쓴 책 한 권을 서점에서 사 왔습니다. 이 사진과 제 얼굴을 비교해 보십시오. 신분을 확인하고 항공권을 발급해 주시면 고맙겠습니다."

그러나 그의 설명은 아무 소용이 없었다. 항공사 규칙에 신분증이 있어야 항공권을 발급할 수 있다는 대답뿐이었다. 그는 할 수 없이 옆에 있는 사우스웨스트 항공에 가서 사정을 이야기해 보았다. 그런데 이게 웬일인가? 똑같은 상황에 똑같은 설명을 했는데 반응은 완전히 달랐다.

"예, 블랜차드 작가님이 맞네요. 본인임이 확인되었으니 수속을 진행해 드리겠습니다."

두 항공사의 차이는 무엇일까? 한 항공사에서는 직원이 마음의 문을 닫고 있었으며, 해석에 융통성이 없었다. 그러나 사우스웨스트 항공에서는 직원이 마음의 문을 열고 있었으며, 해석에 융통성을 발휘했다.

항공권을 발급할 때 신분증을 요구하는 이유가 무엇인가? 본인임을 확인하는 것이 가장 큰 이유다. 혹시 테러리스트가 탑승을 시도할 수 있으니 그런 사람의 탑승을 방지하기 위한 목적도 있다. 만일 사고가 발생할 경우 탑승자 신원을 확인하기 위한 목적도 있다.

한 항공사 직원은 그런 목적은 전혀 고려하지 않았으며, 오직 신분증이 있어야 탑승권 발급이 가능하다고 하는 원칙 즉 수단에만 충실했다. 그러나 사우스웨스트 항공 직원은 신분증 확인의 목적을 중요하게 생각했다. 공식적인 신분증이 없더라도 본인임이 확인되면 탑승권을 발급할 수 있다고 해석했다. 어느 회사가 더 고객 중심이며 더 효율적인가?

사우스웨스트 항공의 창업자인 허브 캘러허가 가지고 있는 중요한 철학을 소개한다.

"모든 직원이 권한을 가지고 자율적인 판단을 통해 높은 수준의 고객 서비스를 제공해야 한다."

사우스웨스트 항공은 이처럼 중요한 철학을 가지고 있었다. 그러나 한 항공사는 이런 철학이 없었다. 한 구절씩 살펴보자.

사우스웨스트 항공에서는 모든 직원이 권한을 가지고 있었다. 그러나 한 항공사에서는 직원이 그런 권한을 가지고 있지 않았다. 사우스웨스트 항공에서는 자율적인 판단을 통해 일하도록 했다. 그러나 한 항공사에서는 자율적인 판단이 허락되지 않았으며 원칙만 허락되었다. 또한, 사우스웨스트 항공에서는 높은 수준의 고객 서비스를 제공해야 한다는 점을 강조했다. 그래서 그 직원은 캔 블랜차드에게 높은 수준의 고객 서비스를 제공하기 위해 최선을 다했다. 그러나 한 항공사에서는 그러한 철학이 없었다.

축사 허가 관련 공무원들의 일하는 방식은 한 항공사의 직원

쪽일까, 아니면 사우스웨스트 항공의 직원 쪽일까? 불행하게도 한 항공사의 직원 쪽이다. 법의 목적은 중요하지 않으며 원칙만이 중요시된다.

만일 축사 허가 관련 공무원들이 사우스웨스트 항공의 직원처럼 일하는 자세를 가진다고 하면 미생물 바닥은 아무 문제 없이 건축 허가를 받을 수 있을 것이다. 가축 분뇨가 스며들거나 흘러나오지 않도록 해야 한다는 구절, 즉 법의 목적에 아주 잘 부합하기 때문이다.

그렇게 되면 가축 분뇨와 관련한 환경 문제를 해결할 수 있는 길이 열릴 것이다. 우리 축산은 환경을 해치는 축산에서 환경을 살리는 축산으로 변화될 수 있을 것이다.

03

노벨상을 받으셔야죠

군수님, 겁나지 않습니까?

"군수님, 생명환경농업을 추진하는 것이 겁나지 않습니까?"

생명환경농업 현장에서 J 장관이 내게 한 질문이다. 갑작스러운 질문에 나는 잠시 당황해하면서 말했다.

"장관님, 그게 무슨 말씀입니까?"

J 장관은 내 얼굴을 쳐다보면서 진지하게 말했다.

"생명환경농업이 성공한다면 무슨 문제가 있겠습니까? 그러나 성공하지 못할 경우 모든 책임을 군수님께서 감당해야 하지 않습니까? 설령 기후가 좋지 않아 농사가 잘못될 경우에도, 그 탓을 생명환경농업 때문이라고 하지 않겠습니까?"

J 장관은 진심으로 나를 걱정하고 있었다. 농사는 기후에 많이 좌우된다. 그런데 만일 농사가 잘못되면, 설령 그것이 기후 때문이라 하더라도, 그 원인이 생명환경농업 때문이라고 몰아세울지도 모른다는 것이 J 장관의 걱정이었다.

몇 개월 전 있었던 일이 생각났다. 고성군 농촌지도자협의회 K

회장이 나를 찾아와 말했다.

"군수님, 충북 괴산군에 있는 '자연농업학교'에서 아주 선진화된 농법을 가르치고 있습니다. 군수님께서는 생명환경농업을 시도하겠다고 선포하지 않았습니까? 이 학교에 가서 교육을 받으시면 크게 도움이 될 것 같습니다."

다짜고짜 충북 괴산군의 어느 학교를 소개하니 몹시 당황스러웠다. 그러나 생명환경농업의 방향을 정하기 위해 고심하고 있던 나에게 반가운 소식이기도 했다. 농업정책과의 S 과장에게 이 학교에 관해서 자세히 알아보도록 지시했다. 며칠 후 S 과장이 흥분된 모습으로 나타나서 말했다.

"군수님, 아주 놀라운 교육 장소입니다. 다른 농업 교육과는 차원이 다릅니다. 군수님께서 지향하시는 방향의 교육을 하고 있습니다."

"다른 농업 교육과 차원이 다르다고요? 어떻게 다르단 말입니까?"

"이 학교에서는 일반 친환경농업과 전혀 다른 내용을 가르치고 있습니다. 친환경농약을 사지 않고 농민들이 천연농약을 직접 만들어 사용하는 방법을 가르칩니다."

"그게 정말입니까? 그리고 내가 지향하는 방향의 교육이라고 했는데, 그 말은 무슨 뜻입니까?"

"군수님께서는 지금의 친환경농업은 경쟁력이 없다고 말씀하시지 않았습니까? 이 학교의 조한규 소장님께서도 똑같은 말씀을 하셨습니다."

솔직히 말해서, 나는 생명환경농업이라는 새로운 농업을 시도하겠다고 선포는 했지만, 그 방향을 정하지 못하고 있었다. 내가 가지고 있었던 한 가지 분명한 생각은 지금의 친환경농업은 경쟁력 있는 농업이 될 수 없다고 하는 사실 뿐이었다. 그런데 S 과장이 전해온 소식은 참으로 놀라운, 마치 구세주와도 같은 반가운 소식이었다. 무모하게 여겨졌던 나의 도전이 가능할 수 있다는 생각이 들었다.

얼마 후 나는 30여 명의 고성군 농민들과 함께 이 학교에서 5박 6일간의 교육을 받았다. 내가 내용을 정확하게 알아야 자신 있게 추진해 나갈 수 있다고 생각했기 때문이다. 이 교육을 통해 친환경농업이 등장하게 된 배경을 알 수 있었으며, 친환경농업이 경쟁력을 가질 수 없는 이유도 이해할 수 있었다. 아울러 우리 농업이 나아가야 할 방향을 올바로 설정할 수 있었다.

그런데 이토록 훌륭한 농사 방법이 왜 빨리 전국으로 확산되지 않을까? 궁금증을 견디지 못하고 조 소장에게 물어보았다.

"소장님, 이렇게 좋은 농사 방법이 왜 빨리 전국으로 확산되지 않습니까?"

"농민들이 지금 가지고 있는 생각을 버려야 이 방법을 받아들일 수 있을 텐데, 그것이 쉽지 않답니다."

나는 농업에 관한 이 고정관념을 깨뜨려야겠다고 생각했다.

"조 소장이 50년이 넘도록 주장하고 가르쳤지만, 한 개인의 힘으로는 그 무서운 고정관념을 깨뜨릴 수 없었던 것 같다. 이제 내가 농촌 군수로서 그 역할을 이어받아 이 중요한 사명을 이루어

내자."

지금까지 어떤 시장, 군수도 도전하지 못한 '무서운 도전'이었다. 내가 여기서 무서운 도전이라고 말하는 데는 이유가 있다. 만일 실패했을 경우 내가 감당해야 할 막중한 책임을 말하는 것이다. J 장관이 내게 '겁나지 않느냐'고 물었던 것도 그런 뜻이었을 것이다.

첫해에는 벼농사를 비롯하여 취나물, 참다래, 토마토, 단감 등 몇 가지 농작물에 대해서 먼저 시도해 보기로 했다.

벼농사의 경우, 여러 농가가 공동체를 형성해야만 했다. 어떤 지역에서 생명환경농업을 하고자 할 때, 그 지역의 한 농가가 동참하지 않고 농약을 사용하게 되면 다른 농가의 생명환경농업도 사실상 불가능하기 때문이다. 따라서 도로, 하천, 언덕, 산 등을 경계로 하여 그 지역의 모든 농가가 동참하는 하나의 단지(같은 지역의 농가들이 만든 공동체)를 만들었다. 단지의 규모는 작게는 5만 평, 크게는 50만 평에 이르기도 했다. 이렇게 만든 생명환경농업 단지가 고성군 전 지역에 16개였다.

생명환경농업에 관한 실험을 하고 농민들을 지도하기 위한 조직으로 '생명환경농업 연구소'를 만들었다. 나는 매일 이 연구소를 방문하여 벼가 자라는 과정을 살펴보았다. 16개 단지 현장도 자주 방문했다. 모내기가 한창인 한 단지를 방문했더니 할머니 한 사람이 나를 붙들고 거세게 항의했다.

"군수님, 무슨 농사를 이렇게 짓습니까? 나는 하지 않겠다고 했는데, 동네 이장님이 하도 권해서 마지못해 동참했습니다."

당황해하는 나를 쳐다보면서 할머니의 목소리는 더 커졌다.

"논을 한 번 쳐다보십시오. 텅 비어 있는 논이 보이지 않습니까? 올해 농사 망쳤으니 군수님께서 책임지십시오."

그 할머니는 생명환경농업을 하지 않고 늘 해오던 방법으로 농사를 짓겠다면서 버텼다고 한다. 그런데 할머니가 동참하지 않으면 약 10만 평 넓이의 논 전체가 생명환경농업을 할 수 없었다. 동네 이장이 할머니를 찾아가 설득했고, 그래서 할 수 없이 동참하게 되었다고 한다. 모내기를 하고 보니 할머니의 눈에는 완전히 낯선 모습의 논이었다. 나는 할머니의 손을 붙잡고 말했다.

"할머니, 걱정하지 마십시오. 올해 농사 잘될 겁니다."

"뭐라고요? 이렇게 텅 비어 있는 논을 보고 농사 잘될 거라는 말을 어떻게 합니까?"

내 눈에도 논이 텅 비어 보였다. 할머니의 항의와 하소연을 뒤로 한 채 생명환경농업 연구소로 향했다. 약 10일 전에 모내기한 시험 재배 논을 쳐다보았다. 10일 전에 모내기한 시험 재배 논이나, 지금 막 모내기한 할머니의 논이나, 텅 비어 있어 보이기는 마찬가지였다. 갑자기 겁이 덜컥 나서 혼자 중얼거렸다.

"모내기한 후 10일이나 지났는데 아무런 변화가 없잖아? 내가 배운 바에 의하면 지금쯤 벼 줄기 수가 증가하는 모습이 보여야 할 텐데."

만일 이 상태로 벼 줄기 수가 증가하지 않는다고 하면 할머니의 말대로 생명환경농업 농민들은 올해 농사를 망치게 될 것이다.

며칠 후, 논을 바라보고 있는 내 귀에 갑자기 크게 외치는 소리가 들렸다.

"군수님, 여기 줄기 수가 많아졌습니다."

농업기술센터 H 소장이 나를 향해 외친 소리였다. 내 눈으로도 벼 줄기 수가 증가해 있는 것을 확인할 수 있었다. 우리는 너무 기쁜 나머지 어린아이처럼 펄쩍펄쩍 뛰었다. 그때부터 벼 줄기 수는 빠른 속도로 증가했다. 몇 주일이 지나자 포기당 벼 줄기 수가 20개 이상 되었다. 10배 정도 증가한 것이다. 정말 기적 같은 일이 아닐 수 없었다. 바로 옆의 화학농업 논에서는 벼 줄기 수가 20개에도 채 이르지 못했다. 겨우 2배 정도 증가한 것이다.

텅 비어 보이던 논이 싱싱한 푸르름으로 변했다. 논 전체에 생명이 넘쳐나는 모양이었다(그림 24).

그러나 화학농업 논은 생명환경농업 논과 전혀 다른 모습이었다. 처음부터 너무 촘촘하게 심고, 많이 심어, 답답한 모양을 하고 있었다(그림 24).

J 장관은 생명환경농업 논을 바라보면서 말했다.

"정말 놀랍습니다. 일반 농업의 논과는 완전히 다르군요."

갑자기 사라진 KBS 환경스페셜

"군수님, 정말 놀랍습니다. 벼 줄기가 튼튼하여 마치 갈대 줄기 같습니다. 일반 벼에 비해 뿌리도 훨씬 더 깊이 뻗어 내려가는 것 같습니다. 제가 직접 확인하지 않았다고 하면 저도 믿지 않았을 겁니다."

생명환경농업을 취재하던 KNN의 K 기자가 내게 한 말이다. 생명환경농업은 KBS, MBC, KNN 등 지역 방송과 경남신문, 경남도민일보, 부산일보 등 지역 신문에는 많이 보도되었다. 사설과 기자 수첩에서도 몇 번 다루었다. 그러나 안타깝게도 중앙언론에는 거의 보도되지 않았다. 지금까지 어느 시, 군에서도 도전하지 않았던 새로운 농업을 고성군에서 처음 도전하여 성공시키고 있었지만, 중앙언론으로부터는 주목을 받지 못하고 있었다.

그런데 뜻하지 않게 'KBS 환경스페셜(그림 28)'에서 생명환경농업을 촬영하기 시작했다. 우리가 도전한 혁신적인 농업을 온 국민에게 알릴 수 있는 기회가 왔다는 생각이 들었다. 우리는 KBS 환경스페셜 촬영 팀이 불편을 느끼지 않도록 최선을 다해 도와주었다.

일반 농업에서는 볍씨를 육묘 상자에 뿌리기 전에 먼저 화학약품으로 소독한다. 그런데 생명환경농업에서는 화학약품을 사용하지 않고 냉·온탕침법을 사용하여 소독한다. 그 이유는 볍씨가 화학약품에 노출되면 병해충에 대한 저항력이 약해진다고 생각하기 때문이다. 사람의 경우에도 임신한 산모는 먹는 음식에 특별히 신경 쓰라고 말하지 않는가? 건강 먹거리를 권유하며, 술을 마시지 말고 담배도 피우지 말라고 하지 않는가? 우리가 볍씨 소독에 화학약품을 사용하지 않는 이유도 같은 맥락이다. KBS 환경스페셜에서는 이러한 볍씨 소독 과정을 자세히 촬영했다.

그림 28 KBS 환경스페셜

일반 농업에서 하는 산파식 육묘와 생명환경농업에서 하는 점파식 육묘의 차이는 모내기 후 두드러지게 나타난다. 건강한 점파식 벼는 병해충에 대한 저항력이 강하지만, 건강하지 못한 산파식 벼는 병해충에 대한 저항력이 약하다. 또한, 산파식 벼는 태풍에 쉽게 쓰러지지만, 점파식 벼는 태풍에 잘 쓰러지지 않는다(그림 35). 점파식 벼는 줄기가 튼튼하고 뿌리가 땅속으로 깊이 뻗어 내려가기 때문이다. KBS 환경스페셜에서는 이런 현상들을 자세히 촬영했다.

논은 훌륭한 습지이며, 생태계의 보고로서 큰 가치를 지니고 있다. 그런데 오늘날의 논은 죽음의 습지가 되어버렸다. 농약 살포로 인해서 논에 어떤 생명체도 존재하지 않으며, 따라서 습지의 역할을 제대로 할 수 없기 때문이다. 그런 죽음의 습지에서 벼가 농약을 섭취하면서 자란다. 우리는 그 벼에서 만들어진 쌀로 밥을 지어 먹는다. 그 쌀에 농약 성분이 포함되어 있다는 사실을 까맣게 잊은 채 말이다. 그리고 그 죗값을 받는다. 예전보다 훨씬 더 많이 암, 폐 질환 등 여러 질병에 시달리고 있는 것이 바로 그 죗값이다. 생명환경농업은 논을 죽음의 습지에서 생명의 습지로 바꾸었다. 사라졌던 각종 생물이 논으로 돌아왔다. 멸종 2급인 긴꼬리투구새우도 나타났다(그림 37). 이런 여러 가지 현상들은 모두 KBS 환경스페셜 카메라에 상세하게 포착되었다.

논에 있는 각종 생물은 쉴 새 없이 움직인다. 미꾸라지, 송사리, 올챙이는 물론 지렁이를 비롯한 땅속 생물들도 마찬가지다. 우리 눈에 보이지 않은 미생물의 움직임도 활발하다. 흙 속에 있는 각종 생물과 미생물이 활발하게 움직인다는 말은 흙이 살아 있다는 뜻이다. KBS 환경 스페셜에서는 고성능 카메라를 이용하여 각종 생물과 흙의 박진감 넘치는 움직임을 촬영했다.

KBS 환경스페셜에서는 또 한 가지 흥미로운 사건을 놓치지 않았다. 산파식 벼와 점파식 벼가 성장하면서 각각 직립형과 부채꼴로 만들어지는 과정과(그림 23) 그 결과 병해충에 대한 저항력이 달라지는 흥미로운 현상을, 시간대별로 자세히 촬영했다. 촬영 현장을 유심히 지켜보면서 혼자 생각했다.

"KBS 환경 스페셜은 영향력이 큰 프로그램이야. 여기서 촬영한 내용이 방송되면 많은 사람이 깜짝 놀랄 거야. 농약이 우리 환경을 어떻게 파멸시키는지, 우리 건강을 어떻게 망가뜨리는지 알게 될 거야."

공룡세계엑스포를 성공시켰을 때와는 다른, 차원 높은 보람을 느끼면서 강한 자부심까지 가질 수 있었다. 인류 건강과 지구 환경 보호에 기여한다는 큰 보람과 자부심 말이다.

그런데 이게 어찌 된 일인가? 그렇게 열심히 촬영하던 KBS 환경스페셜 촬영 팀이, 우리와 인간적인 정까지도 들었던 그 촬영 팀이, 그만 발길을 끊고 말았다. 이삭 줄기당 벼 낟알 수, 수확하고 난 후의 토양 비교, 생산된 벼의 수확량 비교, 쌀의 성분 비교 등 아직 촬영할 부분이 남았는데 말이다.

수개월이 지나 방영 예정 일자가 얼마 남지 않았을 때 담당 PD에게 전화를 했다.

"K PD님, 방영 일자가 얼마 남지 않았는데, 준비 잘 되어 갑니까?"

내 전화에 K PD는 당황한 목소리로 더듬거리며 말했다.

"아, 군수님, 그게 지금 좀… 외국에 나가서도 촬영해야 하는데… 외국에 나가는 일이 잘 진행되지 않네요."

KBS 환경스페셜은 결국 방영되지 않았다. 10여 차례 고성을 방문하여 며칠씩 머무르면서 촬영한 그 비용이 결코 적지 않았을 텐데 말이다.

고성군에는 '생명환경농업 연구회'라는 단체가 있었다. 생명환경농업을 하는 농민들이 자발적으로 만든 단체의 이름이다. 어느 날 이 단체의 모임에서 한 농민이 KBS 환경스페셜이 방영되지 않는 데 대한 불만을 토로했다. 마치 그 책임이 나에게 있다는 듯이 나를 쳐다보며 말했다.

"여기서 촬영한 KBS 환경스페셜은 왜 방송을 안 하는 겁니까? 그렇게 부지런히 촬영하더니 말입니다."

"저도 잘 모르겠습니다. 궁금해서 한 번 전화했는데, 외국에 나가는 일이 잘 안 되어 방영에 차질이 생겼다고 하네요."

"우리 같은 사람도 얼마든지 외국에 나가는데, 외국에 나가지 못한다는 게 말이 됩니까?"

마치 나에게 항의하듯이 말했다. 그 농민은 화를 참지 못하고 다시 말했다.

"뭐가 있는 겁니다. 우리가 모르는 뭐가 있단 말입니다. 그렇게 부지런히 촬영하더니 왜 갑자기 발길을 끊고 방송도 안 하는 겁니까?"

나도 모르게 순간적으로 되물었다.

"뭐가 있단 말입니까?"

"군수님, 그걸 몰라서 묻는 겁니까? 그게 전국적으로 방송되면 비료회사, 농약회사에 얼마나 타격이 크겠습니까? 그러니 뭐… 비료회사, 농약회사에서 가만히 있었겠습니까? 어떻게 해서라도 방송을 막아야죠."

나는 맥 빠진 목소리로 말했다.

"설마 그럴 리야 있겠습니까?"

어느 날 고성 출신 산악인 엄홍길 대장을 만나 대화하던 중

KBS 환경스페셜과 관련한 이야기를 했다. 내 이야기를 듣고 있던 엄 대장이 말했다.

"제가 한번 알아보겠습니다. 상황이 어떻게 된 것인지 말입니다."

얼마 후 엄 대장이 전해온 말이다.

"군수님, KBS 자체 제작팀이 아니고 외주 제작사라고 합니다. 그래서 KBS 측에서는 내용을 모르고 있었습니다."

그렇다면 외주 제작사는 그렇게 열심히 촬영하다가 왜 갑자기 중도에 포기해 버렸을까? 군수인 나에게 중단하게 된 이유를 설명하지 않고 왜 갑자기 잠적해 버렸을까? 아무리 생각해도 그 촬영 팀을 이해할 수 없었다.

노벨상 받으셔야죠

"고성군 농업기술센터 소장님, 지금 발표한 내용이 사실이라고 하면 여기서 발표할 것이 아니라 세계 유명 학술지에 발표하세요. 그리고 고성군수님께서 노벨상 받으셔야죠. 그렇지 않습니까?"

농촌진흥청 주관으로 열린 농업 기술 발표회에서 고성군 농업기술센터 H 소장의 발표가 끝난 뒤 모 대학 교수가 한 말이다. 모 대학 교수의 이 말이 무엇을 의미하는가? 발표 내용을 믿을 수 없다는 뜻이다. 그러나 가만히 생각해 보면 발표 내용을 아주 높게 평가한 것이라고도 할 수 있다.

먼저, 부정적인 면으로의 해석이다.

"생명환경농업에 관한 내용은 새빨간 거짓말이고 명백한 사기다."

다음은, 긍정적인 면으로의 해석이다.

"생명환경농업에 관한 내용이 사실이라고 하면, 노벨상을 받을 정도의 훌륭한 내용이다."

농촌진흥청에도, 여러 연구소에도, 각 대학에도, 농업 분야에서 박사 학위를 받은 전문가가 수없이 많다. 그렇지만 그 사람들은 고성군에서 하는 생명환경농업을 이해하려고 하지 않았으며, 인정하지도 않았다.

그 사람들은 박사 학위를 받기까지 농업에 관해서 많은 공부를 했으며, 학위 논문도 썼다. 그러나 어떤 특정한 분야에 너무 깊이 몰두하다 보면 다른 분야에 대해서 잘 모르는 경우가 있으며, 무시해 버리는 경향도 있다.

'노벨상 받으셔야죠'라고 말한 그 교수는 농업의 어떤 한 분야에서는 깊이 있는 이론적 지식을 가지고 있을 것이다. 그러나 농업 전반에 관한 지식, 특히 경험적인 지식을 가지고 있다고는 말할 수 없다. 농약을 사지 않고 농민들이 천연농약을 직접 만들어 사용한다고 설명했을 때, 그 교수는 머리를 옆으로 계속 흔들었다고 한다. 도저히 믿을 수 없다는 몸짓이었다.

'학자들은 자기 학문의 울타리에 갇혀 있다'는 생각이 드는 경우가 있다. 조직이나 사회의 소통을 막는다고 여겨지는 '사일로'의 일종이 아닐까? 사일로란 원래 자갈, 시멘트, 곡식, 목초 등을 쌓아두는 굴뚝 모양의 창고를 말한다(그림 29).

생명환경농업을 시도한 첫해인 2008년 김태호 경남도지사가 고성군의 생명환경농업 현장을 방문했다. 나는 생명환경농업이 우리 농업의 혁명이 될 것이라면서 말했다.

"지사님, 저는 대학에서 공학을 전공했습니다. 농학을 전공한 지사님께서 농업의 혁명을 일으켜야 하는데, 제가 그 일을 하게 되네요."

내 말에 김 지사는 얼른 대답했다.

"전문가는 혁명을 못 일으킵니다. 혁명은 비전문가가 일으키죠. 전문가는 오히려 혁명에 걸림돌이 될 뿐입니다."

김 지사는 바로 위에서 언급한 사일로를 일컫고 있었다. 그 후 김 지사가 말한 내용은 사실로 드러났다. 우리가 시도한 생명환경농업에 대해서 농촌진흥청에서 일으킨 조직적인 반발이 바로

그림 29 곡물을 보관하는 사일로

그것이다. 농촌진흥청에서는 '고성군의 생명환경농업은 비용은 많이 들고 수확은 적다'고 하는 내용을 발표하기까지 했다. 이 내용에 관해서 고성군에서는 '농촌진흥청의 주장은 독선적이며 객관성이 결여되어 있다'면서 반박했다. 그리고 그 이유를 자세히 공개했다.

먼저, 농촌진흥청 계산에서 비용이 많이 나온 이유는 농기계 및 농자재 구매비 등과 같은 초기투자 비용을 모두 한 해 생산비로 계산했기 때문이다. 농기계는 최소 7년 이상 사용하며 농자재는 반영구적이기 때문에 감가 삼각비로 계산해야 하는 데도, 이를 모두 한 해 생산비로 계산했다. 그 결과 생산비 즉 비용이 많이 나왔다.

다음, 농촌진흥청 계산에서 수확이 적게 나온 이유는 경남 밀양에 있는 농촌진흥청의 작물시험장에서 자체 재배한 결과를 토대로 발표했기 때문이다. 이 작물시험장은 포트식 육묘도 사용하지 않을 정도로 생명환경농업에 관한 기본적인 지식을 가지고 있지 않았으며, 따라서 그 농법은 사실상 생명환경농업과는 거리가 먼 농업이었다.

부산일보에서는 기자 수첩을 통해 '농촌진흥청의 발목 잡기'라는 제목으로 전문가 집단인 농촌진흥청이 고성군의 새로운 시도를 도와주지는 못할망정 오히려 발목을 잡고 있다면서 비판했다.

미국의 데이비드 아커 교수는 그의 저서 '사일로 스패닝'에서 사일로를 타파하고 깨뜨리는 것이 경영과 마케팅의 성패를 결정짓는다면서 이렇게 말했다.

"어떤 나라도, 어떤 기업도, 모두 사일로로 가득 차 있다. 이러한 사일로가 활개 치는 상황에서는 어떠한 발전 가능성도 없다. 사일로는 서서히 조직의 에너지를 분산시켜 병들게 한다. 따라서 사일로는 타파하고 깨뜨려야 한다."

세계적인 바이오 기업인 몬산토는 화학 기업에서 바이오 기업으로 성공적으로 변신한, 대표적인 혁신 기업 중의 하나다. 이 회사의 사장인 휴 그랜트는 혁신에 성공한 비결을 사일로가 없는 기업문화 즉 부서 간에 벽이 없는 기업문화를 만들었기 때문이라고 말했다.

2008~2009년 세계 경제 위기가 발생한 것도 이 사일로 때문이라 말하고 있다. 경제학이 사일로에 갇혀 생각의 개방성을 잃어버렸기 때문이라는 것이다. 경제학자 중에서 시장 전체가 유동성을 상실하는 상황이나 모든 종류의 자산이 동시에 폭락하는 상황을 예견한 사람은 아무도 없었다. 물론 인접 학문 역시 저마다 사일로에 갇혀 서로 소통을 하지 못한 것도 큰 원인이었다.

위에 언급한 농촌진흥청의 사일로도 말할 수 없이 단단했지만, 고성군 농민들이 가지고 있는 사일로 역시 대단히 견고했다. 새로운 농업을 시도한다고 했을 때 제일 먼저 반대의 목소리를 높인 사람들은 고성군 농민들이었다.

"군수가 농사에 대해서 얼마나 안다고 그래? 책에서 공부 좀 하고 농사 전문가인 것처럼 하는데 말이야, 농사는 책으로 하는 것이 아니고 경험으로 하는 거야."

농사를 지으려고 하면 반드시 농약을 사용해야 한다는 것이 머릿속에 꽉 박혀 있는 농민들을 설득하는 것은 매우 힘들었다. 농민들이 가지고 있는 사일로를 깨뜨리기가 쉽지 않았다는 뜻이다.

고성군 농업지도직 공무원들이 가지고 있는 사일로도 아주 견고했다. 지도직 공무원들의 주된 업무는 농민들에게 농업 기술을 가르치는 일이었다. 그런데 내가 시도한 생명환경농업은 지도직 공무원들이 가르치고 있던 내용을 뿌리째 흔들어 버렸다. 따라서 지도직 공무원들 입장에서는 도저히 받아들일 수 없는 괴상한 이론일 수밖에 없었다. 그런데 그 이론을 군수가 주장하고 나섰으니 황당하기 이를 데 없는 상황이 되어버렸다. 만일 나의 주장을 받아들이게 되면 지금까지 자기들이 잘못된 내용을 가르쳤다는 사실을 인정하는 결과가 되기 때문이다. 나는 지도직 공무원들과 간담회를 하면서 생명환경농업의 중요성을 강조했다.

"우리는 생명환경농업을 반드시 성공시켜야 합니다. 지구 환경을 보호하기 위해서이며, 우리의 건강을 지키기 위해서입니다. 특히 우리 농업이 경쟁력을 가지기 위해서입니다."

나는 지도직 공무원들의 반응을 살피면서 계속 말했다.

"생명환경농업은 여러분이 지금까지 농민들에게 가르친 내용과 배치된다는 사실을 잘 알고 있습니다. 그렇지만 이 세상의 모든 진리는 변합니다. 생명환경농업은 농업의 새로운 진리입니다. 이 새로운 분야에서 대한민국 최고의 선구자가 되어 주시기 바랍니다."

그러나 지도직 공무원들은 내 말을 받아들이려는 모습이 아니라 자기들의 고유한 영역을 침범한 괴짜를 몰아내야겠다는 각오를 다지고 있는 모습이었다. 평생 익혀온 지식을, 그리고 수십 년 동안 농민들에게 가르쳐왔던 내용을, 하루아침에 쓰레기통에 버려야 한다는 사실에 황당해하는 모습이었다. 그런 지도직 공무원들의 심정을 나는 이해할 수 있었다. 그래서 나는 다시 당부의 말을 했다.

"여러분께서 지금 어떤 물건을 손에 잡고 있다고 가정합시다. 만일 여러분께서 다른 물건을 손에 잡으려 한다면 가장 먼저 해야 할 일이 무엇이겠습니까? 지금 손에 잡고 있는 물건을 내려놓는 일이지 않습니까? 똑같은 원리입니다. 여러분께서 지금 가지고 있는 지식을 내려놓아야 새로운 지식을 여러분의 머리와 가슴에 받아들일 수 있을 것입니다. 그런 결단을 내려 주기를 당부드립니다."

그러나 지도직 공무원들은 그런 결단을 내리려는 모습이 아니었다. 그들이 오랫동안 쌓아온 지식을 지키려고 다짐하는 모습이었다.

시간이 지나면서 고성군 지도직 공무원들은 하나둘씩 마음의 문을 열고 그들이 갇혀 있던 사일로에서 나오기 시작했다. 즉, 생명환경농업을 받아들이면서 대한민국 농업의 새로운 역사를 만드는 선구자의 길로 들어서기 시작했다.

Chapter 4

생명산업부를 신설해야 하는 이유

생명산업부를 신설해야 하는 이유

생명산업(LT : Life Technology)이란 말은 아직 우리에게 생소한 단어다. 그러나 앞으로 우리가 가장 많이 듣게 될 말이 될지도 모른다. 생명산업은 다음과 같이 정의할 수 있다.

"생명산업 즉 LT 산업이란 미생물, 식물, 동물, 곤충, 종자, 유전자, 기능성 식품, 환경, 물 등 생명과 관련된 제반 산업을 말한다(그림 30)."

이제 LT 산업이 어떤 분야인지 바로 이해할 수 있을 것이다. 그래서 아마 다시 질문할지 모른다.

"LT 산업에서 다루는 분야가 생소하지 않고 익숙한 분야들인데, 그 LT 산업이 왜 갑자기 중요해진다는 거야?"

그 질문에 대한 대답은 간단하다.

"LT 산업은 우리 인류의 미래 주력산업이 될 것이기 때문이다."

성급한 마음에 이렇게 질문할지 모른다.

"LT 산업이 왜 우리 인류의 미래 주력산업이 된다는 거야?"

그 이유는 다음과 같이 명확하게 설명할 수 있다.

"LT 산업은 미개척 분야가 아주 많으며, 부가가치가 매우 높고, 특히 일자리 창출 기능이 대단히 크기 때문이다. 또한 세계 시장이 크며, 우리나라에 LT 자원 보유량이 많기 때문이기도 하다. 그뿐만 아니라, 국가 주요 문제를 해결할 수 있으며, 국민 화합 산업이라는 특징이 있기 때문이다."

첫째, LT 산업에 미개척 분야가 아주 많다는 말은 개발 가능성

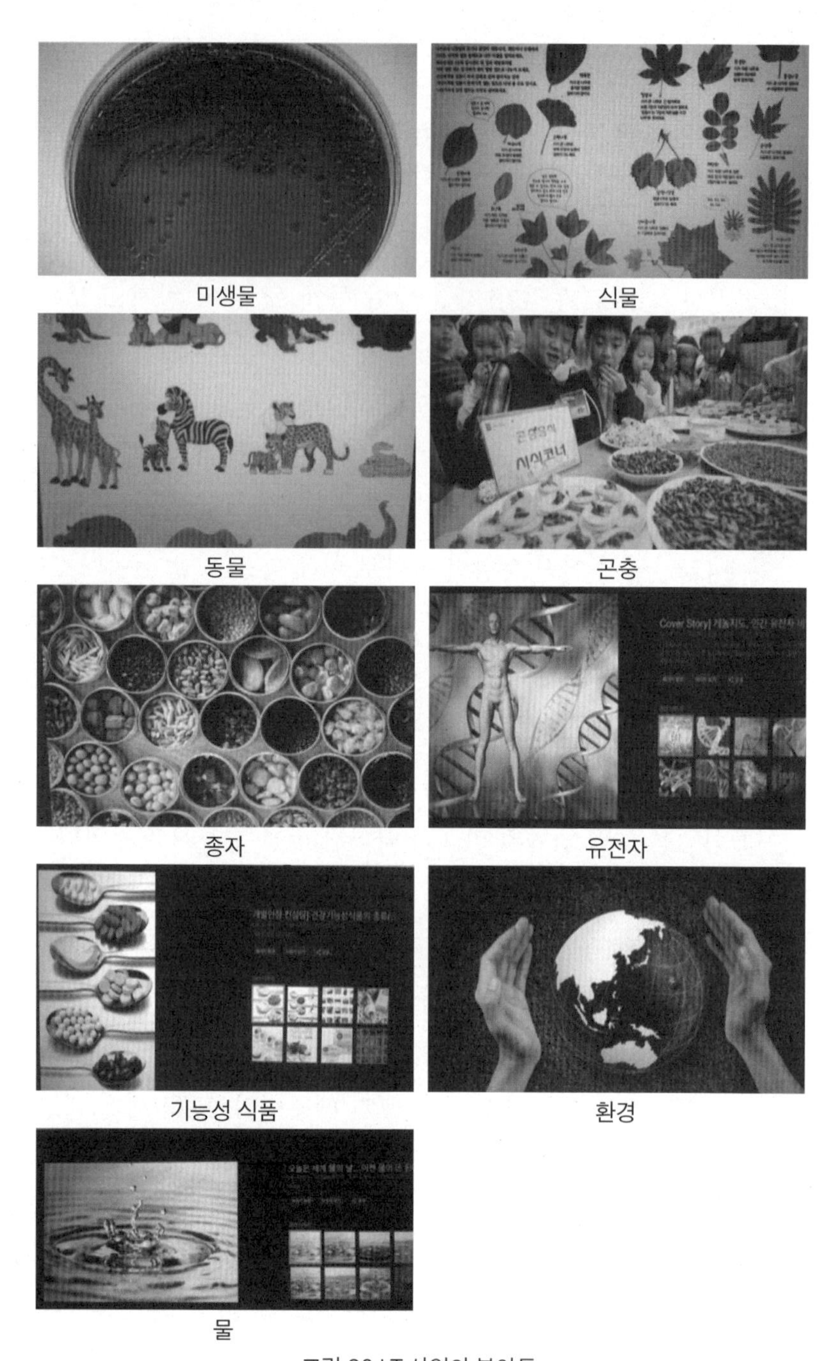

그림 30 LT 산업의 분야들

이 대단히 크다는 뜻이다. 이 말에 얼른 동의하지 않을지 모른다. 알기 쉽게 몇 가지 예를 들겠다. 세균, 곰팡이, 바이러스 등 미생물 종류는 대략 520만 종으로 추산된다. 그중에서 배양 가능한 것은 2%인 12만 종에 불과하다. 98%가 아직 연구되지 않았다는 뜻이다. 얼마나 많은 미개척 분야인가? 개발 가능성이 대단히 크지 않은가? 이 지구상에 있는 식물은 대략 30만 종으로 추산된다. 그중에서 2% 정도만 성분과 기능이 연구되었다. 역시 98%가 미개척 분야로서 개발 가능성이 아주 크다. 이 지구상에 존재하는 곤충은 대략 130만 종, 동물은 대략 150만 종으로 추산된다. 역시 2% 정도만 연구되었으며, 지상 최대의 미개발 자원이다.

둘째, LT 산업이 높은 부가가치를 가지고 있다는 말에 고개를 옆으로 저을지 모른다. 예를 하나 들겠다. 토마토, 파프리카 등의 종자 1g 가격은 금 1g 가격의 2~3배이다. 부가가치가 높다는 말은 경쟁력이 있다는 뜻이며, 따라서 사업성이 있다는 의미다.

셋째, LT 산업은 지금 우리 사회에서 일자리를 많이 창출할 수 있는 유일한 산업이다. 자동차, 조선, 반도체, 휴대폰 등 기존 산업의 일자리 추가 창출은 이미 한계에 도달했다. IT의 발달로 인해 사람의 일자리는 오히려 감소하고 있다. 앞으로 컴퓨터, AI, 로봇이 보편화될수록 사람의 일자리는 점점 더 줄어들 것이다.

LT 산업에 일자리 창출 기능이 큰 이유는 크게 세 가지로 요약할 수 있다. 첫째, 미개척 분야가 매우 많아 개발 가능성이 대단히 크기 때문이다. 둘째, 인간의 두뇌와 손을 불필요하게 만드는 IT 산업과는 달리, 인간의 두뇌와 손을 동시에 필요로 하는 산업이기 때문이다. 셋째, 지금까지의 화학적 방법에 기초한 여러 기계와 장비를 LT 산업에 기초한 기계와 장비로 바꾸어야 하므로, 이러한 기계와 장비 생산을 위한 많은 숫자의 일자리가 창출되어야 하기 때문이다. 따라서 우리가 LT 산업에 진입하기만 하면 마치 도깨비방망이에서 보물이 쏟아져 나오듯이 일자리가 쏟아져 나올 것이다(p.42, p.142 참조).

넷째, LT 산업은 세계 시장이 크기 때문에 정부 차원에서 육성시켜야 할 충분한 가치가 있다. LT 산업의 시장 규모는 자동차 시장보다 크며, IT 산업과 비슷한 규모다.

다섯째, 우리나라는 LT 자원을 많이 보유하고 있으며, 따라서 LT 산업을 육성시킬 수 있는 충분한 잠재력을 가지고 있다. 우리나라의 LT 자원 보유량은 미국, 중국, 일본, 러시아, 인도 다음으로 세계 여섯 번째다. 말하자면 세계 6대 LT 자원 보유국이다.

여섯째, LT 산업은 식량 문제, 에너지 문제, 의약품 문제, 환경 문제, 기술 문제 등 국가의 주요 문제들을 대부분 해결할 수 있다(p.200 참조). 따라서 주력산업으로서 그 역할을 충분하게 해낼 수 있는 산업이다.

일곱째, LT 산업은 국민 여론을 분열시키기 않고 오히려 화합시키는 '참 착한 산업'이다. 어떤 사업을 추진하면 이를 반대하는 목소리가 나타나 민심이 분열되는 경우를 볼 수 있다. 그러나 LT 산업의 경우에는 그러한 민심 분열을 걱정할 필요가 없다. LT 산업과 관련하여 이념 간, 계층 간, 지역 간, 집단 간 갈등의 소지는 전혀 없으며, 오히려 국민 화합의 매체가 되어 전 국민을 하나로

뭉치게 할 수 있다.

이명박 대통령은 4대강 사업을 추진하면서 동시에 녹색성장을 부르짖었다. 4대강 사업을 추진하는 동안 온 나라가 시끄러웠지 않았는가? 이 대통령이 임기를 마친 후에도 그 논란은 끊이지 않았다. 그러나 이 대통령이 추진한 녹색성장의 경우에는 LT 산업인 환경 보호를 포함하고 있기 때문에 전혀 논란이 없었다. 물론 이 대통령의 녹색성장은 앙꼬 없는 찐빵이었지만, 그래도 LT 산업을 바탕으로 하고 있기 때문에 갈등을 일으키지는 않았다(제1장 참조).

박근혜 대통령은 창조경제를 핵심 정책으로 추진하였다(제1장 참조). 농업의 경우 IT, ICT를 접목한 창조농업을 부르짖었다. 그러나 창조농업은 그 방향을 잘못 설정하였다. 농업에도 당연히 IT, ICT를 접목해야 한다. 그러나 그것이 창조농업이 될 수는 없다. 진정한 창조농업은 농업의 내용을 새롭게 발전시켜 농업을 '신산업'으로 만드는 것이어야 한다. 이처럼 박 대통령의 창조경제는 농업 분야에서 그 방향을 잘못 설정했지만, LT 산업을 포함하고 있기 때문에 그로 인해 국론이 분열되고 민심이 양분되는 일은 없었다.

문재인 대통령은 소득주도성장을 핵심 정책으로 추진하고 있다. 소득주도성장이란 근로자의 소득을 높여 소비를 증대시키고, 이를 통해 경제성장을 유도한다는 정책이다. 그러나 소득주도성장은 국민 여론을 분열시키고 사회 갈등을 야기시키는 불씨가 되고 말았다. 만일 LT 산업을 새로운 주력산업으로 만드는 정책을 펼쳤다면 소득주도성장은 성공을 거두었을 것이며, 국민 여론 또한 분열되지 않고 오히려 하나로 뭉칠 수 있었을 것이다.

나는 용기를 내어 주장한다.

"대한민국의 내일은 농업과 LT 산업에 달려있다."

그리고 이미 제안한 내용을 다시 한 번 제의한다.

"정부 부처에 생명산업부를 신설해야 한다(제1장 참조)."

1994년 김영삼 대통령은 체신부, 상공자원부, 과학기술처, 공보처에 산재해 있던 IT 관련 분야를 통합하여 정보통신부를 만드는 결단을 내렸다. 정보통신부를 만들어야겠다는 혜안을 가진, 그리고 결단을 내린, 김 대통령을 나는 존경하고 싶다. 김 대통령의 혜안과 결단이 없었다면 오늘의 IT 강국 대한민국은 없었을 것이라고 믿기 때문이다.

바로 지금이 생명산업부를 신설하여 LT 강국 대한민국을 위한 기반을 만들어야 할 가장 적절한 시점이다. 농림축산식품부, 해양수산부, 환경부, 보건복지부, 미래창조과학부, 국토교통부 등 여러 부처에 분산되어 있는 LT 관련 분야를 통합하여 생명산업부를 만드는 결단을 내려야 한다. 그런 혜안을 가지고 있고, 그런 결단을 내릴 수 있는, 지혜롭고 용기 있는 대통령은 우리 역사에서 훌륭한 대통령으로서 존경받을 것이라고 나는 확신한다.

LT 산업으로 5차 산업혁명을 일으키면

정부, 정치권, 언론이 모두 한목소리로 4차 산업혁명을 부르짖고 있다. 이처럼 온 나라가 한목소리로 4차 산업혁명을 외치는 모습을 보면서, 일자리 문제는 더욱 심각해지고 사회 양극화는 더 심화될 수밖에 없을 것이라는 불안한 생각이 든다.

왜 모두 4차 산업혁명을 그렇게 한목소리로 주장할까? 4차 산업혁명이 일어나면 사람의 일자리가 더 많이 사라지게 된다는 무서운 사실을 정말 모르고 하는 주장일까? 소수의 사람이 더 부유해지고 대다수 사람이 더 가난해지면서, 빈부 격차가 더욱 커지고 사회 양극화도 더욱 심화된다는 참담한 사실을 진짜 모르고 하는 말일까? 인간성 상실이라고 하는 비극이 우리를 기다리고 있다는 암담한 사실도 진정 모르고 하는 주장일까?

전통 제조업체의 상징인 미국의 GE는 소프트웨어 기업이 될 것이라고 선언했다. 한편, 소프트웨어 회사인 애플과 구글은 자동차를 만들 것이라고 했다. 즉 제조 기업은 소프트웨어 회사로 변신을 시도하고, 소프트웨어 기업은 제조업에 뛰어들고 있다. 미국에서 시작된 이 변화가 바로 4차 산업혁명의 신호탄이었다.

1차 산업혁명은 증기기관을 통한 기계적 혁명이었다. 2차 산업혁명은 전기의 힘을 통한 대량생산의 시작이었다. 3차 산업혁명은 컴퓨터를 통한 자동화였다. 4차 산업혁명은 소프트파워를 통한 공장과 제품의 지능화다.

3차 산업혁명의 컴퓨터는 생산, 유통, 소비 시스템을 자동화하는 정도였다. 그러나 4차 산업혁명의 소프트파워는 기계와 제품이 지능을 가지게 하고, 그들을 인터넷 네트워크로 연결한다.

4차 산업혁명이라는 용어는 다보스 세계경제포럼 의장인 클라

우스 슈밥이 처음 사용하였다. 4차 산업혁명에 관한 그의 주장을 요약하면 다음과 같다.

"디지털 세계, 생물학적 영역, 물리적 영역 간 경계가 허물어지는 기술융합에 의한 혁명이 4차 산업혁명이다. 4차 산업혁명을 일으킬 이 기술융합의 핵심에는 사이버 물리시스템(CPS)이 있다. 로봇, 의료기기, 산업 장비 등 현실 속 제품을 뜻하는 물리적인 세계(Physical System)와 인터넷 가상공간을 뜻하는 사이버 세계(Cyber System)가 하나의 네트워크로 연결되어 집적된 데이터의 분석과 활용, 사물의 자동 제어가 가능해지게 된다. 그리하여 현실 세계의 모든 사물은 지능을 갖춘 사물인터넷(IoT)으로 진화하고, 이들 사물이 연결되어 제품 생산과 서비스가 완전 자동으로 이루어지는 새로운 산업 시대를 맞이하게 된다.

4차 산업혁명은 구체적으로 어떤 모습으로 나타날까? 자동차는 원하는 목적지까지 자동으로 운전해 주는 자율주행 자동차로 바뀐다. 무인비행기 드론에 주소만 입력하면 정확하게 사람과 물건을 원하는 장소로 데려다준다. 원하는 것은 무엇이든지 3D 프린팅으로 생산하는 재료혁명이 일어난다. 심지어 사람의 인공장기도 생산할 수 있다.

우리는 지금까지 새로운 기술의 등장으로 인해 새로운 디지털 세상을 만나게 되었고, 새로운 제품과 서비스를 통해 높은 효율성과 함께 큰 기쁨을 체험했다. 스마트폰으로 택시를 부르고, 항공권과 물건을 사고, 음악도 듣고, 영화도 보고, 게임도 하는 등 새로운 경험을 하게 되었다.

그러나 4차 산업혁명에 의한 미래의 기술혁명은 효율성과 생산성을 훨씬 더 향상시켜 줄 것이다. 운송, 광고, 통신 비용이 줄어들게 되고, 물류와 글로벌 공급망도 훨씬 더 효과적으로 재편되면서 교역 비용 역시 급감하게 된다.

그렇지만 4차 산업혁명은 더 큰 사회적 불평등 조성, 빈부 격차 심화, 특히 노동시장의 붕괴를 가져올 수 있다. 그리하여 일자리 감소가 사회적인 골칫거리로 등장하게 될 것이며, 양극화에 대한 불만이 증폭되어 심각한 사회 문제로 부상하게 될 것이다."

클라우스 슈밥이 말했듯이, 4차 산업혁명의 가장 심각한 문제점은 우리의 일자리가 훨씬 더 많이 사라질 것이 확실하며, 사회 양극화가 한층 더 심화될 것이 분명하다는 사실이다. 그래서 IT에게 부탁을 하고 싶다.

"IT야, 천천히 가자."

그리고 우리에게 일자리를 만들어 주고 사회 양극화를 해결해 줄 LT에 어서 와 달라는 부탁을 하고 싶다.

"LT야, 어서 와다오."

그런데 만일 IT가 천천히 가지 않고 속도를 내어 곧바로 4차 산업혁명이 일어난다고 하자. 지금 우리가 경험하고 있는 모든 문제점은 훨씬 더 심각해질 것이다. 사람의 일자리는 계속 감소하여 실업자는 더욱 증가할 것이며, 사회적 재화를 나누어 가질 기회는 더 많이 사라져 부의 편중 현상은 더욱 심화될 것이다. 우리는 편리해졌다고 좋아할 것이 아니라 오히려 불행한 삶을 호소해야 할 것이다.

아무 대책 없이 4차 산업혁명을 외쳐서는 안 된다. 거기에는 사람의 일자리도 없고, 재화를 나누어 가질 기회의 균등도 없기 때문이다. 다보스 포럼이 지적했듯이, 거기에는 일자리 증발과 사회 양극화와 인간성 상실이 존재하기 때문이다. 그 결과 정신과 병원은 심리 상담을 원하는 사람들로 넘쳐나게 될 것이며, 삶을 포기하는 자살자 숫자도 급증할 것이기 때문이다.

또 다른 산업혁명을 동시에 일으켜 4차 산업혁명으로 인해 발생하는 모든 문제점을 해결해 낼 수 있어야 한다. 그것은 IT 시대를 넘어 LT 시대로 과감하게 진입하여 우리나라를 LT 강국으로 만드는 것이다. 이것을 나는 '5차 산업혁명'이라 일컫고 싶다.

5차 산업혁명으로 사람의 일자리를 만들고, 사회 양극화를 해소하고, 사라져가고 있는 인간성을 회복해야 할 것이다. 내가 이렇게 주장하는 이유를 이해하기 위해 LT 강국이 되면 어떤 분야가 어떻게 발전하게 되는지 살펴보자. LT 강국은 다음과 같이 설명될 수 있다.

"우리나라가 세계적인 식량 강국, 에너지 강국, 의약품 강국, 환경 강국, 기술 강국이 될 때 진정한 LT 강국이 될 수 있다(p.194 참조)."

이렇게 질문할지 모른다.

"농토가 좁은데 어떻게 식량 강국이 될 수 있는가?"

넓은 농토에서 식량을 많이 생산해야만 식량 강국이 될 수 있는 것은 아니다. 우리나라는 차별화된 건강식품을 생산하는 식량 강국이 될 수 있다.

차별화된 건강식품은 어떤 식품인가? 일반 농약 대신 천연 농약과 미생물을 사용하여 재배한 건강한 농산물 및 그 농산물로 만들어진 식품, 시멘트 바닥이 아닌 미생물 바닥에서 항생제 없이 사육된 가축으로부터 얻은 건강한 고기, 환경친화적으로 생산된 식용곤충 등이 차별화된 건강식품이다. 이러한 건강식품은 생명환경농업과 생명환경축산을 통해서 얻어질 수 있다(제2장 참조). 정부의 추진 의지에 달려있다.

또 이렇게 질문할지도 모른다.

"석유 한 방울 생산되지 않는 나라가 어떻게 에너지 강국이 된단 말인가?"

지금까지는 그 질문이 옳았다. 지금까지의 에너지 강국은 석유가 많이 생산되는 러시아, 사우디아라비아, 미국, 이란, 중국 등이었기 때문이다. 그러나 미래의 에너지 강국은 달라질 것이다. 우리 인류의 미래 에너지는 LT 산업을 이용한 수소, 알코올 등이 될 것이기 때문이다.

지금의 화석연료는 많은 공해를 유발할 뿐만 아니라 자원량에도 한계가 있다. 따라서 인류는 반드시 대체 에너지원을 개발해야 한다. 수소, 알코올을 대체 에너지원으로 사용하는 LT 산업 에너지는 공해가 없으며, 자원량도 무한하다. 누가 미래의 에너지 강국이 되느냐 하는 것은 누가 얼마나 강한 의지를 가지고 얼마나 많은 투자를 하느냐에 따라서 결정될 것이다. 우리 정부가 강한 의지를 가진다면 우리나라는 분명히 세계적인 에너지 강국이 될 수 있다.

LT 강국의 또 하나의 분야는 의약품 강국이다. 앞서 언급했듯이, 우리나라는 세계 6대 LT 자원 보유국이다. LT 자원이 의약품 강국과 무슨 상관이 있느냐고 물을지도 모른다. 그러나 그 질문은 어리석은 질문이 되어버린다. 그 이유를 말한다.

"살아 있는 생명에 모든 의약 성분이 함유되어 있다."

한때 전 인류를 공포에 몰아넣었던 신종플루의 예방약 타미플루는 중국의 토착 식물 스타아니스에서 추출되었다. 아스피린은 버드나무 껍질에서 추출되고 있다. LT 자원이 풍부한 우리나라는 강한 의지만 가지고 있다면 얼마든지 세계적인 의약품 강국이 될 수 있다.

성급한 사람은 환경 강국이라는 말에 화부터 낼지 모른다.

"개천과 강과 바다에 살고 있던 많은 생물이 사라져 버렸다. 해마다 발생하는 바다의 적조와 강물의 녹조를 보라. 환경이 죽어가면서 생태계가 파괴되고 있는데 어떻게 환경 강국이 된단 말인가?"

지금 우리의 환경이 죽어가고 있다는 지적은 옳다. 그렇다면 우리의 환경을 이렇게 만든 가장 중요한 원인이 무엇인가? 바로 농업에 사용하는 농약과 축산에서 발생하는 분뇨 아닌가? 그래서 환경 강국이 되기 위한 답을 말한다.

"생명환경농업과 생명환경축산을 전국적으로 실시하자. 그리고 그 원리를 생활에 활용하자."

우리의 환경은 예상보다 빠른 속도로 회복될 것이다. 그리고 우리나라는 환경 강국이 될 수 있는 기반을 마련하게 될 것이다.

기술 강국이라는 말에 아연실색하면서 이렇게 말할지도 모른다.

"기술 강국은 LT 산업과 관계가 없지 않은가?"

전혀 그렇지 않다. 기술 강국은 LT 산업의 중요한 한 부분이다. 그 이유를 잘 들어보라.

"살아 있는 생명을 압도하는 기술은 그 어디에도 없다."

많은 기술이 생명으로부터 아이디어를 얻어 만들어졌다. 태양 발전기는 부엉이 날개를 본떠서 만든 것이다. 짐바브웨의 그린빌딩은 아프리카의 흰개미 집을 본떠 만든 것으로 일반적인 냉난방 시스템이 없다. 무통 주삿바늘(아프지 않은 주삿바늘)은 모기 침에서 아이디어를 얻어 만들어졌다. 이처럼 살아 있는 생명에 중요한 기술의 비밀이 숨어 있다.

지금까지 설명한 식량 강국, 에너지 강국, 의약품 강국, 환경 강국, 기술 강국을 통해 우리나라가 진정한 LT 강국이 되면 4차 산업혁명으로 인한 일자리 증발 문제, 사회 양극화 심화 문제, 인간성 상실 문제가 크게 해소될 수 있다.

생명환경농업이 왜 LT 산업의 중심인가?

나는 약간은 두려운 마음으로, 그러나 용기를 내어 말한다.

"5차 산업혁명을 이끌어갈 LT 산업의 중심은 생명환경농업이어야 한다."

무슨 뚱딴지같은 말을 하느냐면서 내게 핀잔을 줄지도 모른다.

그러나 생명환경농업이 LT 산업의 중심이 되어야 하는 이유는 다음과 같이 너무 명백하다.

"생명환경농업은 LT 산업이 다루게 될 미생물, 식물, 동물, 곤충, 종자, 유전자, 기능성 식품, 환경, 물 등의 분야를 모두 포함하고 있는 유일한 산업이기 때문이다."

생명환경농업이 이처럼 LT 산업이 다루게 될 모든 분야를 포함할 수 있게 된 이유는 다음의 두 가지다.

"'농민이 농업의 주체가 된다'는 것이 첫 번째 이유이며, '농작물을 살아 있는 생명체로 바라본다'는 것이 두 번째 이유다."

이 두 가지 이유를 충족시키기 위해서는 각각에 대한 혁신적인 수술이 필요하다. 그 수술에 대해서 살펴보기로 하자.

첫째, 농업의 주체를 수술한다. 일반 농업에서는 농업의 모든 과정을 결정하는 주체가 농약회사와 비료회사이며, 농민은 농사일을 하는 농업노동자의 위치에 있다. 주체인 농약회사와 비료회사에서 농사에 필요한 농약과 비료를 제조하여 판매하며, 농업노동자인 농민은 그 농약과 비료를 사서 사용 지침에 따라 사용할 뿐이다. 생명환경농업에서는 이 주체를 수술한다. 즉 농업에서 농약회사와 비료회사가 배제되며, 농민이 주체가 된다. 따라서 농약과 비료를 사지 않고, 농민이 직접 천연농약과 천연비료를 제조하며(그림 31, 그림 32), 미생물도 배양한다(그림 36). 여러 종류의 천연농약과 천연비료를 제조하는 과정과 미생물을 배양하는 과정은 LT 산업의 중요한 분야다. 이들 과정에 대한 체계적인 실험과 연구는 농업을 단순한 식량 산업에서 LT 산업으로 탈바꿈시킬 수 있다.

둘째, 농작물과 토양을 바라보는 시각을 수술한다. 먼저 화학 농업과 일반 친환경농업의 시각을 각각 살펴본 다음 생명환경농업이 이들 시각을 어떻게 수술하는지 살펴보자.

먼저, 화학 농업에서는 농작물과 토양을 생명체로 바라보지 않고 수익 창출을 위한 도구로 바라본다. 만일 농작물과 토양을 생명체로 바라보았다면 지금처럼 무자비하고 무차별적으로 농약을 사용할 수 없을 것이다. 화학 농업을 한마디로 표현하면 농약과 병해충의 끝없는 전쟁이라고 말할 수 있다. 일찍이 미국의 생물학자 레

그림 31 생명환경농업에서 사용하는 천연농약 제조용 식물

이철 카슨은 농약 사용과 관련하여 이렇게 말했다(p.136 참조).

"병해충은 농약 살포 후 생존 능력이 더 강해지면서 이전보다 그 수가 더 많아진다. 따라서 인간은 이 화학전에서 결코 승리를 거두지 못하며, 격렬한 포화 속에 계속 휩싸일 뿐이다."

지속적인 농약 사용은 지구 생태계를 파멸시키고 있다. 생명이 없는 죽은 토양, 그 토양에서 온갖 종류의 농약을 섭취하면서 자라는 농작물, 그 농작물로 만들어진 음식을 아무 생각 없이 먹는 소비자들, 여기에는 생명이란 단어가 무시되어 버린다.

다음, 일반 친환경농업은 생명을 무시하고 환경을 파멸시키는

그림 32 생명환경농업에서 사용하는 천연비료

화학 농업보다 훨씬 인간적이며 생명을 존중하는 농업이라고 말할 수 있다. 그 이유는 일반 농약 대신 친환경농약을 사용하기 때문이다. 그러나 친환경농업은 토양을 근본적으로 살려내지 못한다. 그 이유는 농작물을 여전히 수익 창출을 위한 도구로 바라보기 때문이다.

생명환경농업에서는 농작물과 토양을 바라보는 이러한 시각을 수술한다. 즉 농작물과 토양을 수익 창출을 위한 도구로만 바라보는 것이 아니라, 생명을 가진 생명체로도 바라본다. 따라서 햇빛이 잘 들고 공기가 잘 통하게 하여 농작물과 토양이 건강하게 살아 숨 쉬도록 한다. 이를 위해 씨를 뿌리거나 모종을 심을 때 아주 중요한 원칙을 지킨다.

"간격을 넓게 하고 수량을 적게 한다."

이 원칙에 대해서 바로 이렇게 질문할지 모른다.

"간격을 넓게 하고 수량을 적게 하면 수확이 적을 것 아닌가?"

옳은 질문이다. 그러나 생명환경농업에서는 이 질문이 틀린 질문이 되어버린다. 그 이유는 이미 설명했다(제3장 참조). 여기서는 간격을 넓게 하고 수량을 적게 함으로써 농작물과 토양이 생명을 가지게 되고, 농작물의 복지가 실현되며, 그 결과 LT 산업의 중심이 된다는 사실을 설명하겠다. 대표적인 농작물인 벼를 예로 들어 설명한다. 그 원리는 모든 농작물에 똑같이 적용된다.

벼를 재배하기 위해서는 먼저 육묘 상자에 볍씨를 뿌려 모를 키운다. 일반 농업에서는 모를 키우기 위해 육묘 상자에 1,500~2,000개의 볍씨를 흩어서 뿌린다. 이렇게 모를 키우는 방법을 산파식(散播式) 육묘라 한다. 좁은 간격으로 뿌려진 많은 숫자의 볍씨들은 자라면서 뿌리가 서로 얽힌다. 얽혀있는 이 뿌리들은 모내기할 때 찢어지면서 논에 심어진다. 모내기할 때 모의 뿌리가 상처를 입는다는 뜻이다.

이 상처를 없애고 모를 튼튼하게 키우기 위해 수술한 것이 바로 생명환경농업에서 하는 점파식(點播式) 육묘다. 점파식 육묘에서는 육묘 상자 안에 들어 있는 400개의 포트 각각에 2~3개씩의 볍씨를 뿌린다. 한 육묘 상자에 800~1,200개의 볍씨를 뿌리는 셈이다. 말하자면 넓은 간격으로 적은 수량의 씨를 뿌린다. 여기서 각각의 포트는 서로 격리되어 있다(그림 33). 따라서 같은 포트 안에 심겨 있는 2~3개의 뿌리는 서로 얽히겠지만, 다른 뿌리와는 얽힐 염려가 없다. 모내기할 때 이 포트 흙을 그대로 논에 옮겨 심는다. 모의 뿌리가 상처를 입지 않고 건강한 상태로 논에 심어진다는 뜻이다.

산파식 육묘에서 자란 모는 모내기 후 3~4일 지나야 곧게 일

산파식 육묘 점파식 육묘

그림 33 일반 농업의 산파식 육묘와 생명환경농업의 점파식 육묘 비교

어선다. 그러나 점파식 육묘에서 자란 모는 모내기 후 3~4시간 만 지나도 곧게 일어선다. 그 이유는 위에서 설명했듯이 점파식에서는 모의 뿌리가 상처를 입지 않고 튼튼하기 때문이다.

모내기 후 3~4일 지나 겨우 일어서는 벼는 건강하지 못하고 각종 병해충이 쉽게 발생할 수 있다는 의미이며, 모내기 후 3~4시간 지나자마자 바로 일어서는 벼는 건강하고 각종 병해충에 대해서 강한 저항력을 가질 수 있다는 의미다. 또한 산파식 벼는 태풍에 쉽게 쓰러지지만, 점파식 벼는 태풍에 잘 쓰러지지 않는다(그림 34, 그림 35). 그 이유는 산파식 벼의 뿌리에 비해 점파식 벼의 뿌리가 훨씬 더 땅속 깊이 뻗어 내려가며, 산파식 벼 줄기에 비해 점파식 벼 줄기가 훨씬 더 튼튼하기 때문이다.

산파식 육묘의 모내기에서는 육묘 상자에서 모를 7~8개씩 찢어내어 평당 70~80포기를 심는다. 간격이 좁아 햇빛이 잘 들 수 없고 공기도 잘 통할 수 없다. 그러나 점파식 육묘의 모내기에서는 평당 45~50포트(포기)를 심는다. 간격이 넓어 햇빛이 잘 들고 공기도 잘 통할 수 있다. 농작물과 토양이 생명체로서 살아 숨 쉴 수 있는 이유다.

앞서 언급한 바와 같이, 화학 농업에서 사용하는 농약은 토양을 생명이 없는 죽음의 흙으로 만들어버린다. 친환경농업에서 사용하는 친환경농약은 토양을 죽음의 흙으로 만들지는 않지만, 땅을 근본적으로 살려내지도 못한다.

생명환경농업의 놀라운 비밀이 바로 여기서 등장한다. 그 비밀은 농민들이 직접 만든 천연농약과 천연비료, 그리고 직접 배양

생명환경농업 벼　　화학농업 및 친환경농업 벼

그림 34 생명환경농업 벼의 뿌리는 일반 농업 벼의 뿌리보다 2배 정도 더 깊이 내려간다.

〈일반농업〉

쓰러짐 현상이 나타나고 있다

〈생명환경농업〉

쓰러짐 현상이 나타나지 않는다

그림 35 태풍에서 벼의 쓰러짐 현상 비교

한 미생물(그림 36)이다.

천연농약은 우리 주변에 있는 여러 식물과 동물을 이용하여 농

(1) 미생물 채취 : 나무상자에 고두밥을 넣어 창호지로 덮은 다음 부엽토에서 7~10일 보관한다.

(2) 미생물 배양 : 채취된 미생물과 흑설탕을 1:1의 비율로 혼합하여 7~10일 보관한다.

(3) 미생물 확대 배양 : 배양된 미생물을 물로 500~1,000배 희석한 후, 미강의 수분이 65~70% 되도록 혼합한 후 볏짚, 낙엽 등으로 덮어서 7~10일 보관한다.

그림 36 미생물 배양 과정

민들이 직접 만들며, 병해충을 예방하고 퇴치하면서도 토양을 해치지 않는다. 천연농약의 재료로는 할미꽃 뿌리, 은행나무 열매, 자리공 뿌리, 소리쟁이 뿌리, 등푸른생선의 내장 등이 사용된다(그림 31).

천연비료 역시 우리 주변에 있는 여러 식물과 동물을 이용하여 농민들이 직접 만든다(그림 32). 이 천연비료는 농민들이 마시면서 사용해도 된다. 여기서 바로 이렇게 반응할지도 모른다.

"비료를 마시면서 사용한다는 것이 말이 되는 소리인가?"

말이 안 되는 이 소리가 생명환경농업에서는 말이 되는 소리로 바뀐다. 그 이유는 천연비료를 만드는 재료가 우리 몸에 좋은 보약 성분이기 때문이다. 예를 들면, 당귀, 계피, 감초, 생강, 마늘, 쑥, 미나리, 아카시아 꽃, 등푸른생선, 소뼈, 돼지뼈 등을 발효시켜 만든다. 이 천연비료는 농작물을 튼튼하게 하며, 땅을 비옥하게 만든다.

농민들이 직접 배양하여 사용하는 미생물은 아주 빠른 속도로 번식한다. 건강한 흙 1g에는 약 200억이라는 엄청난 숫자의 미생물이 존재한다. 이들 미생물은 지렁이를 비롯한 각종 생물의 훌륭한 먹이가 된다. 그리하여 논에는 화학농업으로 인해 사라졌던 멸종 2급인 긴꼬리투구새우 등 각종 희귀생물이 나타난다(그림 37).

이렇게 살아 숨 쉬는 흙에서, 햇빛을 충분하게 받고, 시원한 바람을 마시고, 좋은 보약을 섭취하면서 자라는 벼는 튼튼하고 건강하다. 농작물에 진정한 생명을 주며, 농작물의 복지까지 실천하는 결과가 된다. 이 벼들이 자라는 논에는 수많은 종류의 생물들이 마치 축제라도 개최하는 것처럼 무리를 지어 살고 있다. 생명환경농업이 LT 산업의 모든 분야를 포함하고 있다는 뜻이며, LT 산업의 중심이 될 수 있다는 의미다.

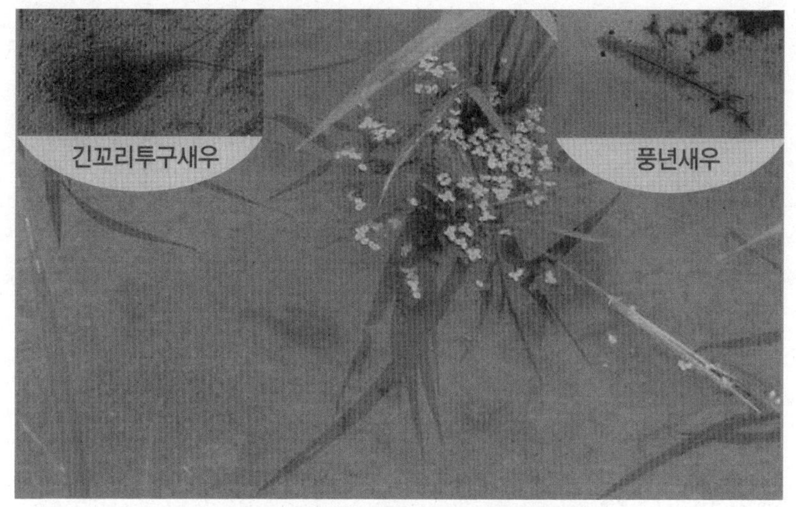

그림 37 멸종 2급 긴꼬리투구새우의 출현

빌리 브란트의 용기가 필요하다

이미 설명한 바와 같이, 오늘날 우리 농업에서 가장 심각한 문제점은 농약(합성농약, 화학비료, 제초제)을 아무 제제 없이 무차별적으로 사용한다는 사실이다. 그 결과 지구 환경은 파멸되고, 인류 건강은 손상되며, 농업은 지속 불가능한 상태로 변해가고 있다. 그런데 우리는 왜 이 문제투성이의 농약을 포기하지 못할까? 농약과 같은 화학적 방제 대신 천연농약(천연비료 포함)과 같은 생물학적 방제가 왜 널리 확산되지 못할까? '침묵의 봄'이라는 책에서 레이철 카슨은 이렇게 말했다.

"화학적 방제를 열렬히 옹호하는 사람 중에 뛰어난 곤충학자가 많다는 사실은 하나의 미스터리다. 이 학자들의 배경을 조사해보면 농약회사로부터 연구비를 지원받는다는 사실이 드러난다. 전문가로서의 명성, 때로는 자신의 직업 자체가 화학적 방제의 성공 여부에 달려있다. 이런 사람이 자기를 먹여주고 입혀주는 그 손을 물어뜯을 수 있겠는가? 농약이 무해하다는 이들의 주장을 과연 믿을 수 있겠는가?"

그는 생물학적 방제에 관한 연구가 효율적으로 진행되지 못하는 이유에 대해서 이렇게 말하고 있다.

"응용곤충학자의 2%만이 생물학적 방제 분야에서 일하고, 98%는 화학 살충제에 관한 연구에 몰두한다. 그 이유가 무엇일까? 농약회사들은 살충제 연구와 관련하여 여러 대학에 많은 연구비를 퍼붓는다. 대학원생을 위한 매력적인 연구원 자리를 제공하는 것은 물론 직원으로도 채용한다. 하지만 생물학적 방제 연구에는 지원하지 않는다. 생물학적 방제는 화학적 방제처럼 확실한, 그리고 큰 이윤을 보장하지 않기 때문이다."

이런 안타까운 상황은 세월이 흐른 지금도 변하지 않고 있다. 지금 이 분야에서 박사 학위를 받거나 여러 연구소에서 일하는 전문가들의 경우에도 마찬가지 상황일 것이다. 그러나 진정 우리의 건강을 걱정하고 인류의 미래를 생각한다면 화학적 방제가 아닌 생물학적 방제에 더 많은 관심을 가져야 할 것이다. 영국의

F. H. 제이컵(F. H. Jacob) 박사는 안타까운 마음을 이렇게 표현하고 있다.

"이른바 응용곤충학자라는 사람들은 살충제가 만능해결사라는 신념을 가지고 있는 것 같다. 지금의 화학 살충제가 곤충의 반격이나 내성, 포유류에 대한 독성 등의 문제를 일으킬 경우, 또 다른 살충제를 연구해 발표할 것이다."

곤충 방제 분야의 선구자인 캐나다의 A. D. 피켓(A. D. Picket) 박사는 전문가들이 사명감을 가져야 한다면서 이렇게 말했다.

"응용곤충학자들은 자신들이 살아 있는 생명체를 다루고 있음을 깨달아야 한다. 그들의 임무는 단순히 살충제를 실험하거나 파괴적인 화학물질을 찾아내는 것 이상이어야 한다."

바로 지금이 그러한 사명감을 발휘해야 할 아주 적절한 때라고 생각한다. 지금 우리는 암으로 인해 예전보다 훨씬 더 많은 고통을 받고 있으며, 우리 인간이 만들어 내었고 많은 연구비가 투입되면서 계속 만들어지고 있는 농약이 바로 대표적인 암 유발물질이기 때문이다. 농약을 비롯한 화학물질이 어떻게 암을 유발하는지에 대해서 독일의 생화학자 오토 바르부르크(Otto Warburg) 박사는 이렇게 설명했다.

"우리가 많은 양의 화학물질을 섭취하면 세포가 바로 죽지만, 적은 양의 화학물질을 섭취하면 세포가 바로 죽지 않고 상처를 입은 채로 살아남게 된다. 이렇게 상처를 입고 살아남은 '불완전한 세포'는 효율적인 '호흡'이 아닌 덜 효율적인 '발효'를 통해서 에너지를 생성해야 한다. 따라서 부족한 에너지 보충을 위해 더 많은 세포를 만들어내야 한다. 이렇게 만들어지는 세포 역시 불완전한 세포다. 이 과정에서 돌연변이를 통한 세포 분열이 발생하기도 한다. 마침내 변칙적인 발효로 만들어지는 에너지의 양이 정상적인 호흡으로 만들어지는 에너지의 양과 같아지는 순간에 도달하게 된다. 바로 이 시점이 정상 세포가 암세포로 바뀌는 순간이다."

오토 바르부르크 박사는 안전 기준치에 대해서도 다음과 같이 경고했다(제2장 참조).

"미량의 화학물질을 반복 섭취하는 것이 다량의 화학물질을 한 번 섭취하는 것보다 더 위험하다. 앞서 언급했듯이, 다량의 화학물질을 한 번 섭취하면 세포가 바로 죽지만, 소량의 화학물질을 반복적으로 섭취하면 세포가 상처를 입은 채로 살아남게 되며, 이렇게 살아남은 세포가 암세포로 변화되기 때문이다. 발암물질에 안전 기준치가 존재할 수 없는 이유가 바로 여기에 있다."

농약의 피해가 이처럼 심각한데도, 그 심각성에 대해서 아무도 말하지 않는다.

내가 주장하는 생명환경농업은 화학적 방제 대신 생물학적 방제를 사용하여 우리 생태계를 살리고, 인류 건강을 지키며, 농업을 LT 산업의 중심으로 만들기 위한 우리 농업의 혁명이다. 그러나 이 혁명을 이루어 내기 위해서는 우리 농민들이 아끼고 사랑하는 농약을 과감하게 포기해야 한다. 그러나 지금까지 사용하던 농약을 포기한다는 것이 결코 쉬운 일이 아니지 않은가?

이제 축산의 경우를 살펴보자. 오늘날 우리 축산에서 가장 큰 문제점은 정부가 예산을 지원하여 건축하는 밀폐형 축사 그 자체다. 아파트처럼 여러 층(보통 2~3층)으로 되어 있으며, 축사 바닥은 시멘트로 되어 있다. 내부에는 냉난방 장치도 되어 있다. 공장 형태로 만들어져 있다고 하여 공장형 축사라 일컫기도 한다.

이 밀폐형 축사는 외부와의 접촉을 차단하고 있다. 따라서 축사 내부로 접근하기 위해서는 별도의 허락을 받아야 한다. 가축 분뇨는 한곳으로 모아 축분 처리시설에서 처리한다. 그러나 축사 바닥에서 흘러 한곳으로 모이는 과정에서, 그리고 축분 처리 과정에서, 축분이 바닥에 고여 있을 수 있으며 묻어 있을 수도 있다. 우리가 축사 부근을 지나면 악취가 나는 이유는 이 때문이다.

축사 내부로 햇빛이 들어오지 않으며, 시원한 바람도 통과할 수 없다. 단위 면적당 마릿수가 많아 가축이 본능적인 활동도 할 수 없는 상태다. 가축이 받는 스트레스가 얼마나 크겠는가? 우리 사람에게도 스트레스는 만병의 근원이라고 하지 않는가? 이들 가축이 먹는 사료에는 여러 가지 항생제와 방부제가 들어 있다. 이런 사료를 건강한 사료라 할 수 없지 않은가?

스트레스를 많이 받으며 건강하지 못한 사료를 먹고 자라는 가축은 각종 질병에 대한 저항력이 매우 약하다. 구제역이나 조류 인플루엔자(AI)가 발생하면 가축들이 맥을 추지 못하는 이유가 여기에 있다. 2010년 구제역이 발생했을 때 350여만 마리의 돼지를 생매장해야만 했으며, 2016년 AI 발생 시에는 3,500여만 마리의 닭을 생매장해야만 했다는 사실은 이를 설명해준다.

이러한 밀폐형 축사, 얼마나 심각한 문제인가? 미국 프린스턴

대학의 피터 싱어 교수와 변호사이자 농부인 짐 메이슨은 이러한 축사의 실태를 '동물공장'이라는 책으로 썼다. 이 책에서 저자들은 가축을 수익 창출을 위한 도구로만 바라보는 시각을 통렬하게 비판했다.

그런데 축산 농가에서는 이 밀폐형 축사 자체가 큰 문제점이라는 사실을 인정하지 않으려고 한다. 자금을 지원해준 정부 역시 그러한 사실을 인정하려고 하지 않는다. 만일 그 사실을 인정하게 되면 지금까지의 정부 정책이 잘못되었음을 시인하는 결과가 되기 때문이다.

내가 주장하는 생명환경축산에서는 이 밀폐형 축사를 허물고 개방형 축사를 건축하는 대수술을 시도한다. 누구든지 축사 가까이 다가갈 수 있으며, 가축들이 생활하는 모습도 지켜볼 수 있다.

축사 안으로 따스한 햇볕이 들고, 시원한 바람도 들어온다. 축사는 1층 구조이며, 바닥은 시멘트 대신 미생물이다. 단위 면적당 마릿수를 절반 이상으로 감소시켰다. 따라서 가축들이 본능에 따라 활동하고 뛰어놀 수 있다. 가축을 수익 창출을 위한 도구로만 바라보는 동물공장과는 달리, 생명을 가진 생명체로 바라본다. 이런 환경에서는 가축들이 스트레스를 받지 않는다.

가축이 배설하는 분뇨는 축사 바닥의 미생물에 의해 발효된다. 따라서 악취가 나지 않으며, 대신 발효로 인한 연한 누룩 냄새가 난다. 사료에는 방부제나 항생제를 사용하지 않는다.

이러한 환경에서 생활하는 가축은 체질적으로 건강하며, 구제역, AI 같은 질병에 대한 저항력이 크다. 2010년의 구제역이나

2016년의 AI 같은 참사는 절대 발생하지 않는다. 축분이 발생하지 않기 때문에 환경에 나쁜 영향도 미치지 않는다. 오히려, 가끔 수거하는 축사 바닥의 미생물은 토양을 비옥하게 하는 훌륭한 퇴비가 되어 환경을 살릴 수 있다.

우리 축산의 대수술인 생명환경축산을 추진하기 위해서 가장 중요한 것은 이 수술이 필요하다는 사실을 정부와 축산인들이 인정하는 것이다. 그런데 지금 상황은 어떠한가? 수술은커녕 오히려 밀폐형 축사를 건축하도록 정부에서 자금을 지원해주고 있다.

상황이 이러하니 우리 축산의 문제점 해결이 얼마나 어려운 일이겠는가? 지금까지 현대식 축사란 명목으로 예산까지 지원해주면서 장려하고 있었는데, 지금 와서 그 축사를 무너뜨리고 새로운 축사를 건축하자고 자신 있게 주장할 수 있겠는가?

1970년 12월 7일 폴란드의 바르샤바 추모지를 찾았던 빌리 브란트 서독 총리를 생각해 보자. 그는 2차 세계대전 때 독일 나치에 의해 희생된 유대인 위령탑 앞에서 헌화하던 도중 갑자기 털썩 무릎을 꿇었다(그림 38). 현장에 있던 사람들은 빌리 브란트의 갑작스러운 행동에 당황했다. 일부 사람들은 총리가 현기증으로 쓰러진 줄 알았다. 그는 무릎을 꿇은 채 오랫동안 고개를 숙이고 묵념하면서 진심으로 사죄를 올렸다.

"우리의 실수였습니다. 다시는 이런 일이 없도록 하겠습니다."

12월의 추운 겨울날 위령탑 앞 콘크리트 바닥은 차가웠지만, 빌리 브란트의 참회는 뜨거웠다. 빌리 브란트의 이러한 행동은 폴란드와 독일뿐 아니라 전 세계에 알려졌다. 서독 총리의 과감한 행동은 그동안 전범 국가 독일에 대해 가지고 있었던 세계인들의 선입견을 완전히 바꾸어 놓았다. 빌리 브란트의 진심이 담긴 사죄는 서방 국가뿐만 아니라 공산 진영 국가들의 마음도 흔들어 놓았다.

언론 인터뷰에서 빌리 브란트는 자신의 그러한 행동에 대해, 인간이 말로써 표현하기 힘들 때 해야 할 행동을 했을 뿐이라고 말했다. 세계 언론들은 무릎을 꿇은 것은 한 사람이었지만 일어선 것은 독일 전체였다고 평했다.

이것은 빌리 브란트가 시작한 독일 통일 프로젝트, 나아가 유럽 전체의 평화와 통합을 향해 나아가는 동방 정책의 상징적인 출발점이었다. 빌리 브란트는 한 나라의 총리로서 누구도 할 수

그림 38 바르샤바 추모비 앞에서 무릎 꿇은 빌리 브란트 서독 총리

없는 용기 있는 행동을 했다. 그의 용감한 행동은 전 세계를 감동시켰으며, 그는 전 세계인들로부터 용기 있는 지도자로서 뜨거운 지지를 받았다.

잘못을 인정하는 일은 큰 용기가 없으면 불가능하다. 우리는 지금 그러한 용기를 가져야 할 시점이다. 독일의 위대한 총리 빌리 브란트의 용기를 배우자.

농업인들도, 농약회사들도, 지금의 화학농업이 우리 농업을 파멸시키고 있음을 인정하자. 지구 환경을 죽이며, 인류 건강을 파괴하고 있다는 사실도 인정하자. 지금의 친환경농업은 경쟁력이 없다는 사실 역시 인정하자. 용기를 내어 생명환경농업을 받아들이자.

축산의 경우도 마찬가지다. 정부 담당자도, 축산인도, 밀폐형 축사가 문제의 본질이라는 사실을 인정하자. 용기를 내어 생명환경축산을 받아들이자.

농업인, 농약회사, 정부 담당자, 축산인은 무릎을 꿇지만, 대한민국 농업과 축산은 우뚝 일어설 수 있을 것이며, 우리나라는 세계적인 농업강국, 축산강국이 될 수 있을 것이다.

맺음말

"생명환경농업을 정부 주도로 추진하면서, 생명산업을 우리의 새로운 주력산업으로 만들면, 우리 사회가 안고 있는 많은 문제점을 해결할 수 있다."

이 내용을 외치기 시작한 지 10년도 더 지났다. 그러나 이명박, 박근혜, 문재인 세 대통령은 그러한 나의 주장에 귀를 기울여주지 않았다. 따라서 세 대통령은 당시의 사회적인 문제를 근본적으로 해결할 수 있는 절호의 기회를 놓쳐버릴 수밖에 없었다.

그 결과는 어떠한가? 이명박 대통령의 핵심 정책인 녹색성장은 알맹이가 빠진 앙꼬 없는 찐빵이 되어버리지 않았던가? 박근혜 대통령의 창조경제는 구호만 난무하다가 결국 국정 농단의 실마리를 제공하지 않았던가? 문재인 대통령의 소득주도성장은 국론 분열의 씨앗이 되었으며, 우리 경제를 한없이 깊은 늪으로 빠뜨리고 있지 않은가?

국민과 진정한 소통을 하지 않은, '청와대 안의 대통령'을 향한 이 처절한 외침을 이제 더는 하지 않기로 했다. 대신 경남 고성의 흙이 살아 숨 쉬는 땅 '숲속농장'에서, 생명환경농업과 생명환경축산을 몸소 실천하고 있다. 닭을 비롯한 여러 가축이 건강하고 행복하게 살아가는 환경을 만들고 있다. 따라서 숲속농장에서는 AI와 같은 질병은 남의 나라 이야기가 될 것이다. 농약(화학비료, 합성농약, 제초제)을 사용하지 않고 대신 천연농약(천연비료 포함)과 미생물을 활용함으로써 농작물이 건강하고 행복하게 자랄 수 있는 환경도 만들고 있다. 언젠가 우리 농업과 축산업이 결국 나아가야 할 길을 먼저 실천하고 있다.